마리 퀴리가
딸에게 들려주는 과학 이야기

과학이
어려운
딸에게

마리 퀴리·이자벨 샤반 지음
최연순 옮김

㈜자음과모음

일러두기
- 이 책은 마리 퀴리의 과학 수업을 직접 듣고, 이를 기록한 이자벨 샤방의 노트를 토대로 만들어졌습니다.
- 이해를 돕기 위해 계산식에서 나타내는 수는 소수점 셋째 자리에서 반올림하여 표기했습니다.

마리 퀴리의 수업

—1907년 이자벨 샤반이 기록하다

마리 퀴리와 그의 딸 이렌 퀴리

차례

노벨상 수상자에게 받는
아주 특별한 과학 수업

— 정재승(물리학자, KAIST 교수)

초등학교 5학년 때 담임선생님은 우리에게 마리 퀴리에 대해 자주 말씀해 주시곤 했다. 그의 조국 폴란드가 러시아의 지배를 받고 있던 시절, 러시아 관리가 수업 시간에 불쑥 교실로 들어와 그에게 "지금 너희를 다스리는 분은 누구냐?"라고 물었고, 그는 울분을 삭이며 "러시아 황제 알렉산드르 2세"라고 대답했다가 끝내 울음을 터뜨리고 말았다는 이야기는 열 번도 넘게 들었다(그래서 정작 교과서에 그 내용이 나왔을 때에는 매우 싱거워했던 기억이 난다).

또 방사성물질을 다루느라 노년에는 손이 거의 문드러졌지만 그럼에도 실험을 게을리하지 않았다는 이야기를 하시면서, 그가 남긴 명언 "인생의 어떤 것도 두려움의 대상은 아니다. 다만 이해해야 할 대상일 뿐이다"를 마리 퀴리의 어투로 전해 주실 때에는 교실이 거의 '감동의 물결'로 변하곤 했다.

내가 과학자의 꿈을 키우게 된 데에는 어쩌면 마리 퀴리에 대한 막연한 존경심과 동경이 마음 한구석에 자리하고 있었기 때문일지도 모르겠다.

마리 퀴리는 노벨상을 두 번이나 받은 위대한 과학자지만, 또한 위대한 '선생'이기도 했다. 우리나라의 인문계 중·고등학교에 해당하는 김나지움에서 수학과 물리학을 가르치는 아버지 밑에서 자란 그는 어머니를 일찍 여의고 17세 때부터 가정교사로 일하면서 공부를 했다.

1903년 노벨물리학상 수상 후, 그는 소르본 대학 최초의 여교수가 되었는데, 학생들에게 최고의 강의를 했던 것으로 유명하다. 그에게 배운 딸 이렌 역시 인공방사능을 발견한 공로로 노벨상을 받은 것을 보더라도 그가 얼마나 위대한 '선생'이었는지 짐작할 수 있다.

그랬던 마리 퀴리가 알고 보니 1907년부터 2년 동안 10세 안팎의 아이들을 대상으로 물리학 강의를 했다고 한다. 실험을 통해 아이들에게 개념을 이해시키고, 과학적으로 생각하는 방법을 가르치기 위해 마리 퀴리를 중심으로 그와 뜻을 같이하는 지인들이 모여 수업을 진행했다. 노벨상 수상자라면 대학에서 자신의 연구에만 열중할 뿐 다음 세대를 위한 교육에는 그다지 관심이 없을 법도 한데, 마리 퀴리는 과학 교육에도 적극적이면서 세심한 관심을 기울였던 것이다.

이 책은 그 당시 마리 퀴리에게 수업을 들었던 이자벨 샤반이라는 여학생이 남긴 강의 노트를 그대로 번역한 '더없이 귀중한 책'이다. 이 책을 조금만 읽어 보면 누구나 깜짝 놀라게 될 것이다.

이자벨은 마리 퀴리가 아이들 앞에서 어떻게 강의했는지 머릿속으로 그릴 수 있을 만큼 생생하고 정확하게 강의 내용을 기록하고 있다. 심지어 마리 퀴리가 무슨 질문을 했으며 아이들은 이 질문에 어떻게 대답했는지까지 상세히 묘사되어 있다.

더욱 놀라운 것은 마리 퀴리의 강의 방식이다. 노벨상을 두 번이나 수상한 과학자답게 마리 퀴리는 아주 독창적이면서 명쾌한 방식으로 아이들에게 기압, 비중 같은 물질의 성질과 '아르키메데스의 원리' 같은 과학 원리를 설명한다.

튜브나 저울을 이리저리 움직이며 여러 가지 현상을 차례로 보여 주면서 매 순간 왜 그런 현상이 벌어지게 됐는지 질문하고 설명하는 방식으로 과학적인 사고를 유도해 낸다.

학생들은 선생님의 실험을 관찰하거나 직접 실험을 해 봄으로써, 또 끊임없이 쏟아지는 질문들에 답을 해 나가는 과정 속에서 '과학적으로 생각하는 방법'을 스스로 터득할 수 있다. 이 책을 통해 유체역학이나 고체물리학의 기본 개념을 이해하는 것은 오히려 덤이다.

요즘처럼 흥미 위주의 실험에만 매달려 개념을 가르치는 데 소홀히 하는 공교육이나, 원리의 이해는 도외시한 채 문제 푸는 요령에만 몰두하는 사교육 때문에 '스스로 생각하는 능력'을 잃어버린 아이들에게 이 책은 더없이 소중한 보약이다.

이제 부모와 아이가 마주 앉아 이 책에 나와 있는 대로 직접 실험도 해 가면서 함께 읽어 보자. 바로 그 순간 당신은 노벨상 수상자에게 영재교육을 받고 있는 것이다. 진정한 교육은 이제야 비로소 시작된 것이다.

100년을 앞선
마리 퀴리의 영재교육

— 이브 케레(물리학자, 프랑스과학아카데미 회원)

이 강의를 통해 우리는 지금까지 거의 알려지지 않았던 마리 퀴리의 또 하나의 인간적인 면모를 발견하게 될 것이다.

그 누구보다도 열정적으로 연구 활동에 자신을 바쳤던 여성, 진보적인 사상을 위해 힘든 싸움도 마다하지 않았던 여성, 아무도 개척하지 않았던 분야의 선구자를 자처했던 여성, 그 여성이 연구자로서의 정상의 자리를 잠시 뒤로한 채, 가장 기초적인 물리학 강의에 앞장섰다.

이 기초 물리학 강의는 아이들이 스스로 물리학의 원리를 터득하도록 도와줄 목적으로 계획되었다. 당시 최고 절정에 놓여 있던 학문의 '수준을 낮춘' 것이 아니라 호기심에 가득 찬 아이들의 알고 싶어 하는 욕구에 '눈높이를 맞춘' 것이다.

놀라운 일이 아닐 수 없다. 과학의 수평적인 이동과 수직적 이동이 동시에 이루어진 것이다. 즉, 한 사람에게서 다른 사람에게로 과학 지식이 전달됨과 동시에, 연구자들의 손에 의해 아이들이 과학 지식의 장으로 안내되었던 것이다.

과학 지식이 전달되는 과정에서 가장 중요한 것은 행위적 표출, 즉 실험이다. 이러한 관점에서 보면 확실히 마리 퀴리는 이 분야의 권위자였다.

마리 퀴리는 자신의 실험실에서 아이들이 다가갈 수 있는 과학적인 발견을 위해 부단히 연구했다. 최고의 수준으로, 일상생활에서 쉽게 찾아볼 수 있으면서 과학적 깊이를 지닌 원리들에 대해 아이들이 이해하기 쉬운 방법으로 실험했던 것이다.

자, 그렇다면 어떻게 교육이 이뤄졌을까. 한 손에 U자형 관을 든 마리 퀴리가 설명을 하고 있다. 마리 퀴리는 아이들에게 어느 정도 답을 유도하면서 질문을 던진다.

"어떻게 그 사실을 알게 되었죠?"

"수은에 압력을 가하고 있는 것이 무엇이죠?"

"어떻게, 왜 무슨 일이 일어났죠?"

우리가 의문을 가지는 것들이자 아이들이 매일매일 폭격을 가하듯 쏟아 내는 질문들이다. 마리 퀴리는 아이들이 관찰하고, 실험하고, 그 문제에 대해 곰곰이 생각하는 과정을 통해 답을 유도하고 있다.

아이들은 기압계를 만들고 풀 줄기, 수도꼭지, 돼지 오줌보, 당시에는 귀했던 백열전구 등을 직접 다루면서, 아주 자연스럽게 자연의 법칙에 접근할 수 있었던 것이다!

아이들에게는 멋진 경험이었을 것이다. 누군가가 의도적으로 즐겁게 한 것이 아니라, 아이들 스스로 충분히 경험하면서 유쾌할 수 있는 순간들이었다. 매 순간마다 지적 호기심과 상상력이 자극되는 것을 직접 느낄 수 있었던 아이들, 그래서 이 강의에 깊이 공감했던 아이들은 행복했을 것이다.

초등학생을 위한 체험형 과학교육 프로그램인 '라망알라파트'의 놀라운 학습 과정을 조금이라도 경험한 아이들이라면, 그 충분한 효과와 본능적인 직관을 어떻게 지나칠 수 있을까? 또한, 이 프로그램이 약 100년 전 마리 퀴리의 학습법에서 이미 이뤄졌다는 것을 어떻게 인정하지 않을 수 있을까?

우리는 마리 퀴리의 학습법을 통해 모든 과학의 출발점은 질문에서 시작된다는 것을 알 수 있다. 또 아이들이 직접 실험에 참여했다는 점이 중요하다는 사실을 알 수 있다. 실험과 사고력, 손과 머리, 보고 느끼는 것과 상상력 사이에서 일어나는 상관관계, 모든 연구, 즉 과학적, 역사적, 사회학적 연구들을 융합시키는 과정 등을 포함해서 말이다.

아이들이 개인적인 호기심이나 열정에 이끌려 너무나 자연스럽게 접근할 수 있었던 것은 진보적인 학습법과 깊은 상관관계를 가진다. 또한 연구의 세계가 어떠한 수준이었는지는 노벨물리학상 및 노벨화학상 수상자 마리 퀴리, 프랑스과학아카데미 회원인 폴 랑주뱅, 노벨물리학상 수상자 장 페랭의 명성만으로도 충분히 미루어 짐작할 수 있다.

연구자와 기초 교육과의 만남! 과학아카데미와 연계한 프로그램 '라망알라파트'를 통하여 학교가 실현하고자 했던 모든 것이 여기에 당당하게 예언되어 있는 것이다.

마리 퀴리의 과학 수업은 유럽의 전통적 교육 방식과 맞닿아 있다. 아이들이 쉽게 볼 수 있는 물체와 자연현상을 통해 과학적 접근을 할 수 있도록 유도하고 있다. 식물원이나 박물관, 실물 교육 그리고 관찰하고 탐구하고 발견할 수 있는 교육을 통해 아이들의 생각을 일깨우고 있는 것이다.

아이들이 장인이나 예술가가 되기 전에, 전문가 곁에서 직접 체험하면서 배우는 일은 이미 아득한 옛날부터 전해 내려오는 전통적인 교육 방식이었다. 하지만 랑주뱅, 아다마르, 샤반, 페랭 그리고 퀴리 집안의 아이들과 같은 학생들을 가르칠 수 있는 기회를 모든 선생님이 누렸던 것은 아니었다.

이런 전통적 방식의 교육을 받은 아이들은 이들이 처음이었을 것이다. 그럼에도 배움에 대한 그들의 기쁨은 인류가 생겨날 때의 아침처럼 새롭고 확실한 것이었다.

그들은 이처럼 지칠 줄 모르고 자연에 대한 질문들을 던지는 전 세계의 아이들을 상징한다고 말할 수 있다. 독일 시인 노발리스의 말을 따르면, 모든 아이는 스스로 생각하고 표현하는 힘을 가지고 있는 것이다.

이제 놀랍도록 신선한 향기를 풍기는 이 페이지를 넘기는 일만 남아 있다.

들어가며

진보적인 생각이 낳은
선진 교육의 현장

— 엘렌 랑주뱅졸리오(물리학자, 프랑스국립과학연구소 명예 연구원)
— 레미 랑주뱅(수학자, 부르고뉴 대학 교수)

이 진보적인 교육 프로그램은 마리 퀴리가 먼저 제안하고, 마리 퀴리의 주변 사람들이 모여 함께 시작했다. 그들의 10대 자녀들을 대상으로 1907년부터 1908년까지 2년간 지속되었는데, 먼저 몇몇 교과 과목을 참고하여 교육의 중심 내용들을 서로 나눠 수업하는 방식이었다. 이들은 특히 직접 체험할 수 있도록 유도하는 과학 교육에 많은 노력을 기울였다.

이 학습법을 '공동 교육'이라고 불렀는데 선생과 학생 모두에게 행복한 추억으로 간직되었으며, 오늘날까지 이 행복한 추억을 아이들에게 전달하고 있다.

이렌 퀴리는 일반적인 과학 교육에 대한 토론에서 당시의 경험을 자주 말하곤 했는데, 이 공동 교육이 자신이 과학적인 사명감을 깨우치는 데 큰 역할을 했다고 강조했다. 에브 퀴리는 1937년 갈리마르 출판사에서 출간된 어머니의 자서전 『마담 퀴리』를 집필할 때 '공동 교육'을 생생하게 재현했다. 이 책에 그 내용 중 일부를 발췌해 소개한다.

이 책은 마리 퀴리가 강의했던 물리 수업의 일부분으로, 제자였던 이자벨 샤반의 강의 노트를 토대로 편집한 것이다. 이 강의 노트는 이자벨 샤반의 자손인 레미 랑주뱅이 발견했는데, 그는 후에 부르고뉴 대학에서 이 내용 중 일부를 강의 자료로 정리했다. 또한 그는 차츰 강의 노트의 존재를 알렸으며, 많은 사람이 이 책이 출간되도록 관심을 기울였고 용기를 북돋아 주었다.

어느 날, 할아버지가 창고에 있는 물건들을 정리했는데, 이 물건들 중에 할아버지의 여동생인 이자벨 샤반이 보내온 서류 가방이 있었다. 나는 연료로 태울 만한 서류들을 찾다가 검은색 서류철에 정리되어 있는 노트에 관심을 가지게 되었다. 그 노트는 마리 퀴리가 강의한 기초과학 수업의 내용들을 이자벨이 적어 놓은 것이었다. 할아버지는 내게 이 내용들을 분류하고 정리하도록 맡겼다. 내게는 선물이었다.

— 레미 랑주뱅

강의를 기록한 이자벨 샤반은 1894년생으로 마리 퀴리의 과학 수업에 참여한 다른 아이들보다 나이가 많았다. 마리 퀴리는 과학에 대한 그의 관심을 높이 평가했으며, 과학 수업 이후에는 큰딸 이렌과 함께 이자벨에게 수학을 가르쳤다. 이자벨은 이렌과 지속적으로 편지를 교환하고, 새해 안부를 전하면서 지속적으로 친분을 유지했다.

이후 이자벨 샤반은 위진 퀼망이라는 회사에서 당시로서는 전무하다시피 했던 여성 엔지니어로 일했다.

글씨로 남은
마리 퀴리의 목소리

—『마리 퀴리』에서 발췌(에브 퀴리 지음, 갈리마르 출판사)

공동 교육에 대한 계획은 마리 퀴리가 제안한 것으로, 당시의 위대한 학자들은 이 학습법을 아이들을 위한 문화의 새로운 방식으로 받아들이려 했다.

10여 명의 아이들은 훌륭한 선생들의 특별한 강의를 매일 들을 수 있었는데, 아이들에게는 그야말로 배움의 기쁨과 놀라움을 누릴 수 있는 기회였다. 어느 날 아침에는 장 페랭이 화학을 강의하는 소르본 대학의 실험실로 모두 몰려갔고, 다음 날에는 퐁트네 오 로즈로 갔다. 그곳에는 폴 랑주뱅의 수학 강의실이 있었다. 페랭 부인과 샤반 부인, 조각가 마그루와 무통 교수는 문학, 역사, 언어, 자연과학, 소조, 데생을 가르쳤다. 그리고 물리 학교의 한 교실에서는 마리 퀴리가 매주 목요일 오후,

가장 기초적인 물리학 강의를 했다. 이 학교에서는 처음 시도 하는 강의 내용이었다.

아이들 중에는 훗날 학자로 성공하기도 했는데, 마리 퀴리의 수업을 아름다운 추억으로 간직하고 있었다. 마리 퀴리는 열정 적으로 강의했으며 아이들에게 매우 친근하고 상냥했다고 말 하곤 했다. 마리 퀴리 덕분에 교과서에서 추상적이고 지루하게 묘사된 현상들을 생동감 있게 받아들일 수 있었다.

물체의 낙하 법칙을 증명하는 실험을 하기 위해 나무로 만 든 구슬을 잉크에 담갔다가 기울어진 경사면 위에 놓아 보면, 나무 구슬이 포물선을 그리면서 떨어진다는 사실을 알 수 있 었다. 매달린 추가 검은 종이 위에서 주기적으로 진동하는 장 면을 관찰하기도 하고, 직접 눈금을 그려 만든 온도계가 실제 온도계와 똑같이 작동하는 것을 보면서 아이들은 자부심을 느 꼈다.

마리 퀴리는 아이들에게 과학에 대한 자신의 열정을 전달하 였고, 연구하는 자세를 보여 주었다. 또한 아이들에게 학습 방 법을 가르쳐 주었다. 암산의 명수인 마리 퀴리는 아이들에게 암산 연습을 권했다. 강의 시간에 마리 퀴리가 종종 사용하던 말투는 이런 것들이었다.

"절대로 틀리면 안 돼요."

"정답을 찾는 비밀은 당황하지 않고 서두르지 않는 겁니다."

어느 날, 한 학생이 전지를 만들면서 책상을 온통 더럽히자, 마리 퀴리는 얼굴이 빨개지면서 화를 냈다고 한다.

"나중에 청소하겠다는 말은 하지 마세요! 조립이나 실험을 하는 동안에는 절대로 책상을 더럽혀서는 안 돼요!"

노벨상 수상자 마리 퀴리는 호기심으로 가득 찬 아이들에게 아주 쉽게 삶의 철학을 배울 수 있는 교훈을 주기도 했다.

어느 날 강의 시간에 마리 퀴리가 아이들에게 물었다.

"어떻게 하면 병에 들어 있는 따뜻한 물의 온도를 그대로 유지할 수 있을까요?"

강의를 듣던 프랑시 페랭, 장 랑주뱅, 이자벨 샤반, 이렌 퀴리가 저마다 기발한 대답을 내놓았다.

"헝겊으로 병을 감싸요."

"첨단 기술로 격리시켜요."

그런데 아이들의 답변은 해결책이 될 수 없었다.

마침내 마리 퀴리가 다정하게 웃으며 말했다.

"좋은 방법이에요. 그런데 나라면 우선 뚜껑을 덮겠어요."

이 말을 끝으로 목요일 수업이 끝나자 기다렸다는 듯이 교실 문이 열렸다. 엄청나게 많은 크루아상과 초콜릿, 오렌지 등이 간식으로 준비되어 있었던 것이다. 아이들은 간식을 먹으며 재잘대다가 어느덧 복도로 뿔뿔이 흩어지곤 했다.

마리 퀴리의 아주 작은 행동까지도 놓치지 않았던 당시의 기자들은 지식인 자녀들이 느닷없이 실험실로 몰려드는 것에 대해 기사를 쓰곤 했다. 기사 내용은 아주 신중하고 긍정적이었으나 언뜻 비아냥거리듯 쓰여져 읽는 사람들을 즐겁게 했다.

'이제 막 읽고 쓰기를 시작한 이 아이들은 마음대로 조작해 보고, 기구를 만들고, 반응을 실험해 보도록 허락받았다'라는 기사가 한 신문의 가십란에 실리기도 했다.

이 공동 교육은 2년 후에 막을 내렸다. 수업을 담당했던 부모들이 개인적인 일에 너무 지쳐서 수업을 계속할 여력이 없었기 때문이다. 한편 대학 입학시험인 바칼로레아를 준비하던 학생들은 정규 교육과정에 편입되었다.

이자벨 샤반의 노트

이자벨 샤반과 이렌 퀴리

첫 번째 수업

공기와 진공을
어떻게 구별할까

Résumé de la leçon de physique faite a la Sorbonne par Madame Curie pour Aline et Francis Perrin, Irène Curie, Jean et André Langevin, Pierre, Etienne et Mathieu Hadamard le 27 Janvier 1907

소르본 대학에서 마리 퀴리가 강의한 물리학 수업을 기록하다.
이 수업에는 알린 페랭, 프랑시 페랭, 이렌 퀴리, 장 랑주뱅,
앙드레 랑주뱅, 피에르 아다마르, 에티엔 아다마르,
마티외 아다마르가 참여하다.
1907년 1월 27일

마리 퀴리가 수업을 시작했다.

자, 여기 병이 하나 있어요.

아이들은 병뚜껑을 열었다.

병은 비어 있는 것처럼 보여요. 병 속에는 뭐가 들어 있을까요?

"공기요."

아이들이 똑같이 대답했다. 그러자 마리 퀴리가 물었다.

여러분은 병 속에 무엇인가가 들어 있다는 것을 어떻게 알았어요?

아이들은 아무도 대답하지 못했다. 마리 퀴리의 말이 이어졌다.

병 속에 정말 공기가 들어 있는지 알아보려면 그 속에 무엇인가 넣어 보면 되겠죠. 병 속에 물을 넣어 볼까요.

아이들은 병마개를 다시 닫았다. 한 아이가 병 입구 쪽을 위로 오게 하여 물속에 넣은 후, 병마개를 열었다.

여러분, 물이 병 속으로 들어가며 물방울이 올라오는 게 보이죠. 병 속에 들어 있던 것은 정말 공기였어요. 이 공기가 날아가고 있는 거예요. 공기는 물보다 가볍기 때문에 수면 위로 떠오르는 것이죠.

마리 퀴리는 다음 실험을 하자고 했다.

병을 비우고 마개를 닫아요. 그리고 병 입구를 아래로 향하게 하여 물속에 넣은 다음, 병마개를 열어 봅시다. 무슨 일이 일어날까요?

물은 병 속으로 조금 들어가다가 더 이상 들어가지 않아요. 병에 들어 있는 공기가 누르고 있기 때문이에요. 병 속의 공기는 유리에 막혀 더 이상 수면으로 떠오를 수 없게 된 거죠. 공기는 갇혀 있게 되고 물은 더 이상 병 안으로 들어갈 수 없어요.

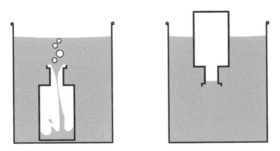

공기는 물보다 가벼워서 수면 위로 떠오른다.

자, 이번에는 수은(현재 수은은 학교에서 사용이 금지되어 있다)으로 같은 실험을 해 봅시다. 무슨 일이 일어나는지 잘 관찰해 봐요. 여기 수은이 가득 담긴 병이 있는데 꽉 닫혀 있어요. 병입구를 아래로 해서 물속에 넣고 병마개를 열면 무슨 일이 벌어질까요?

몇몇 학생이 대답했다.

"수은이 바닥으로 가라앉아요."

이렌이 병마개를 열자 반짝이는 수은이 바닥으로 가라앉기 시작했다.

"수은이 물보다 무겁기 때문입니다."

아이들이 대답하자 마리 퀴리가 말했다.

맞는 대답이기는 하지만 정답은 아니에요. 이 조그만 수은 한 방울이 커다란 병에 가득 담긴 물보다 더 무거울 수 있을까요?

"아, 아뇨!"

만약 똑같은 2개의 병 중 하나는 물로 채우고, 다른 하나는 수은으로 채운다면 어떤 병이 더 무거울까요?

"수은이 담긴 병이요."

이유를 설명하려면 같은 부피일 때 수은이 물보다 무겁다고 말해야 합니다. 간단히 요약하면 수은은 물보다 비중이 크다는 것이죠. 수은과 물은 모두 액체입니다. 하지만 비중을 말할 때 그 물질들이 반드시 액체일 필요는 없어요.

자, 여기 나무가 있어요. 나무는 납보다 비중이 작아요. 같은 부피를 차지한다고 했을 때, 납은 나무보다 무겁기 때문입니다. 우리가 조금 전에 실험을 해 봤듯이 공기는 물보다 비중이 작아요.

물보다 비중이 작은 물질을 물속에 넣으면 수면 위로 떠오르고, 물보다 비중이 큰 물질을 넣으면 바닥으로 가라앉아요.

좁은 공간을 지나는 두 물질 ∿

실험을 계속할까요? 물이 약간 들어 있는 병 속에 석유를 부어 보세요. 이 두 액체는 서로 섞이지 않습니다. 석유는 물 표면에 떠 있죠. 병 입구를 위로 향하게 하고, 병을 물속에 집어넣고 병마개를 열어 보세요. 석유는 물보다 비중이 작기 때문에 바로 물 위로 떠오릅니다.

하지만 액체 속에 담긴 어떤 물질이 액체보다 비중이 작아서 액체의 표면으로 떠오르기 위해서는 지나갈 길이 필요합니다.

자, 여기 입구가 약간 좁은 병이 있어요. 이 병 속에 석유를 붓고 병 입구를 위로 향하게 해서 물속에 담근 후, 마개를 열어 봅니다. 석유는 병 속에 그대로 있고 수면으로 떠오르지 않습

Espaces étroits. Je prends un flacon à goulot un peu étroit. Je mets du pétrole dans ce flacon et je le plonge ouvert le goulot en haut, dans un récipient plein d'eau. Le pétrole reste dans le flacon ; il ne vient pas à la surface de l'eau. Est ce qu'il n'est plus moins dense que l'eau — Si — Alors, qu'est il arrivé ? Il fallait que par le goulot étroit le pétrole sortît et que l'eau entrât ; ils n'ont pas trouvé assez de place pour passer l'un et l'autre.

Voici un autre exemple encore plus étonnant. Nous prenons une éprouvette à goulot très étroit, pleine d'air, et nous la mettons dans l'eau, le goulot en haut. Est ce que l'air sort ? Est ce que l'eau entre ? — Non. L'air est cependant toujours moins dense que l'eau. Mais par le goulot étroit l'air et l'eau n'ont pas la place de passer en même temps, bien à leur aise et alors ils ne passent pas. C'est comme si Aline et Irène, devant passer en sens inverse dans un corridor très étroit s'avançaient ni l'une ni l'autre.

Si j'introduis dans le goulot étroit un petit tube fin, l'eau et l'air auront chacun leur chemin et ils n'hésiteront plus à passer.

air
eau

니다. 왜 그럴까요? 석유가 물보다 비중이 작지 않나요?

"작아요."

그러면 왜 이런 일이 생기는 것일까요? 병의 좁은 입구를 통해 석유가 흘러나오고 물이 들어가야만 하는데, 물과 석유가 서로 지나갈 만한 충분한 공간이 없기 때문입니다. 이제 더 놀라운 사실을 알게 될 거예요.

자, 여기 입구가 아주 좁은 시험관이 있어요. 공기가 가득 들어 있죠. 병 입구를 위로 향하게 해서 물속에 담가 봅니다. 공기가 빠져나오고 물이 시험관 안으로 들어갈까요?

"아니요."

공기가 물보다 비중이 작다는 것은 변하지 않는 사실입니다. 그러나 병 입구가 너무 좁아 공기와 물이 동시에 지나갈 만한 공간을 찾지 못하는 거예요. 말하자면 서로 움직이지 못하는 거죠. 마치 알린과 이렌이 아주 좁은 복도에서 마주치면 서로 지나갈 수 없는 것과 마찬가지 원리예요.

마리 퀴리의 수업은 계속되었다.

만약, 좁은 병 입구에 아주 가느다란 관을 집어넣으면, 물과 공기는 길이 생겨서 서로 쉽게 빠져나올 수 있죠.

바람 만들기 ♪

　자, 여기 고무공이 있어요. 손으로 고무공을 누르면 공 속에 들어 있던 공기가 빠져나와요. 공기가 들어가는 고무공 입구에 손바닥을 대고 누르면 바람을 느낄 수 있어요.

　공기가 이동하면 바람이 생기죠.

　자, 여기 조금 더 크게 부풀어 오른 고무공이 있어요. 이 고무공을 누르면 여러분은 바람이 조금 더 강해진 걸 느낄 수 있을 겁니다.

탄성 ♪

　고무공은 탄성이 있는 물질입니다. 고무공은 눌러도 그 탄성력 때문에 원래의 모양을 되찾아요. 고무공은 스스로 부풀기도 하는데 이것은 고무공 속으로 공기가 들어가야만 가능한 일입니다.

호흡 ⌒੭

사람이 숨을 들이마시면 양쪽 갈비뼈가 올라가고 폐가 열려요. 고무공 속으로 공기가 들어가는 것처럼 폐 속으로 공기가 들어가기 때문입니다.

흡입 ⌒੭

이번에는 물속에서 고무공을 눌러 봅시다. 고무공이 다시 부풀어 오를 때, 물이 공 속에 가득 차게 됩니다. 이런 현상을 두고 공이 물을 흡입했다고 합니다. 사람도 가슴과 입으로 마찬가지 일을 할 수 있어요. 병과 연결되어 있는 관을 통해서 물을 흡입하기도 하고, 아주 가느다란 관을 통해 물을 빨아들일 수도 있어요.

여러분은 빨대를 가지고 액체를 빨아들일 수 있다는 것을 모두 알고 있어요. 숨을 들이마시면 폐가 열리는 것도 같은 원리입니다. 빈 공간이 만들어지면 물이 빨려 들어가게 되는 것입니다.

펌프의 원리 ⌒♪

사람이 입으로만 숨을 쉴 수 없는 것과 같이, 한 용기에 담긴 공기 전부를 입으로만 모두 없앨 수 없습니다. 어림없는 일이에요. 여기 펌프라고 부르는 기구가 있는데, 공기를 빨아들여 진공상태를 만드는 데 사용하는 것입니다.

이 펌프는 a와 b 2개의 투명한 관으로 이뤄져 있는데, 두 관은 투명한 실린더 양끝에 각각 고정되어 있습니다. 이 두 관은 서로 마주하고 있지만 반드시 연결되어 있는 것은 아니에요. 이 실린더는 관을 통해 진공상태가 될 다른 용기와 연결되어 있어요. 물이 급하게 a관에서 b관 속으로 통과할 때, 두 관이 연결되어 있는 실린더 속 공기 일부를 끌고 갑니다.

아이들은 펌프가 공기를 빨아들이는 통로인 관에 손가락을 대 봤고, 손가락이 빨려 들어가는 것을 느낄 수 있었다.

밸브가 달린 기구 ⌒♪

이제 공기가 누르는 힘에 대해 공부합시다. 여기 있는 실험 기구를 자세히 보세요. 수도관 한쪽에는 열거나 잠글 수 있는

qu'on peut avec une paille, une tige de blé, construisant un tube aspirer un liquide.

En aspirant, on ouvre ses poumons; il se fait un vide et l'eau monte.

Trompe à eau. Mais on ne peut pas toujours aspirer suffisamment avec la bouche. On n'ôterait pas avec la bouche tout l'air d'un récipient; il s'en faudrait. Voici un appareil qu'on appelle la trompe à eau qui sert à aspirer l'air et par suite, à faire le vide. Cet appareil se compose de deux tubes en verre a et b, opposés mais non absolument réunis par leurs bouts effilés. Ces tubes sont fixés dans un cylindre de verre communiquant par un tuyau avec le récipient quelconque dans lequel on veut faire le vide. En passant du tube a dans le tube b, un rapide courant d'eau entraîne en partie l'air qui est dans le cylindre supportant les deux tubes. Chaque enfant approche un doigt du tuyau par lequel la pompe aspire l'air et sent très bien son doigt aspiré.

tube : a

tube : b

밸브가 달린 깔때기 모양이 덮여 있고, 다른 한쪽에는 과일잼 병처럼 얇은 가죽으로 단단하게 막아 놓았습니다.

기압 실험기와 얇은 가죽

이 기구의 안쪽에 공기가 있고, 바깥쪽에도 공기가 있습니다. 이 양쪽의 공기가 얇은 가죽을 같은 압력으로 누르고 있어요. 기구의 안쪽 공기를 빼면 무슨 일이 일어날까요? 한번 해 볼까요?

아주 힘이 센 페랭이 입으로 공기를 힘껏 빨아들이면, 우리는 얇은 가죽이 안쪽으로 푹 파이는 것을 볼 수 있습니다. 바깥 공기가 기구 안쪽 공기보다 더 강한 압력을 가하고 있다는 것이죠.

마리 퀴리가 잠깐 지켜보다가 말했다.

페랭이 너무 힘들어 보이네요. 이제 기구 안쪽 공기를 펌프를 이용해서 빨아들이도록 하겠습니다. 공기를 빨아들일수록 얇은 가죽이 안쪽으로 점점 더 깊이 파이는 것을 볼 수 있어요.

계속 공기를 빨아들여 기구 안쪽 공기를 모두 없애 버리면, 다시 말해 진공상태를 만들면 얇은 가죽은 찢어지고 말 겁니다.

*

* *

Nous allons voir que l'air appuie fortement sur tout ce qu'il touche.

Voici une cloche surmontée d'un robinet.

<u>Robinet</u>. Savez vous bien ce que c'est qu'un robinet? C'est un canal qu'on ouvre ou qu'on ferme à volonté. Cette cloche est fermée comme un pot de confitures par une sorte de peau bien tendue. Cette peau provient d'un organe du porc; c'est ce qu'on appelle une vessie. En voici une sèche et en voici une mouillée. Avec une vessie on a donc fermé la cloche.

<u>Crève-vessie - la cloche</u>. Il y a de l'air à l'intérieur de la cloche et il y en a au dehors, et cet air presse avec la même force les deux côtés de la vessie, qu'arrive-t-il si on retire de l'air de la cloche. Nous allons voir Monsieur Perrin, qui est très fort va aspirer rien qu'avec la bouche.

On voit la vessie se creuser vers l'intérieur

마리 퀴리는 얇은 가죽을 찢어지게 하는 실험을 페랭에게 맡겼다. 펌프를 이용해서 계속 기구 안쪽 공기를 빨아들이자 얇은 가죽은 총소리처럼 뻥 소리를 내며 찢어지고 말았다.

"만약 얇은 가죽 대신 유리판을 이용해 수도관을 막았을 경우에는 어떻게 되나요?"

이렌이 묻자 마리 퀴리가 대답했다.

유리는 어지간한 압력에 버텨 낼 수 있어요. 그렇지만 아주 얇은 유리라면 공기압력에 의해 깨질 겁니다.

마리 퀴리의 수업은 계속되었다.

자, 이번에는 다른 실험을 해 봅시다. 공기가 들어 있는 기구 안쪽에 얇은 가죽으로 아주 조그만 주머니를 설치했어요. 기구 안쪽 공기를 빨아들이기 시작하면 어떤 일이 벌어질까요?

주머니의 공기압력이 기구 안의 공기압력보다 점점 더 강해져서, 주머니 안의 공기가 밀어내는 힘으로 주머니가 부풀어 오르는 것을 보게 될 거예요.

기구 안쪽으로 공기가 들어가게 하면 무슨 일이 일어날까요? 기구 안쪽 공기의 누르는 힘 때문에 주머니가 수축될 거예요.

마리 퀴리는 아이들에게 이 두 가지 실험을 설명해 보라고 했다.

공기의 무게 ♪

공기의 무게는 얼마일까요? 물이나 돌의 무게처럼 측정하기가 간단하지 않습니다. 하지만 한번 알아보도록 할까요. 여기 밸브가 달린 유리공이 있어요. 이 공의 용량은 5리터입니다. 이 말은, 이 유리공을 물로 가득 채운 다음 그 물을 쏟으면 1리터들이 병 5개를 채울 수 있다는 뜻이에요.

이 유리공을 진공상태로 만든 후에 무게를 측정해 봅시다. 공의 무게를 재려면 먼저 양팔저울의 한쪽 접시에 유리공을 올려놓고, 저울 눈금이 0을 가리키며 수평이 될 때까지 나머지 한쪽 접시에 추를 올려놓아요.

그런 다음, 유리공 안으로 공기가 들어가도록 꼭지를 열어 봅니다. 쉿! 소리가 들리죠. 공 안으로 공기가 들어가는 소리예요. 그러면 유리공이 올려진 접시가 기울어요. 공은 진공상태일 때보다 공기로 가득 차 있을 때 더 무겁다는 것을 알 수 있

유리공은 진공상태일 때보다 공기로 가득 차 있을 때 더 무겁다.

습니다. 자, 이제 공기도 무게가 나간다는 것을 알았죠.

저울의 평형을 유지하기 위해, 말하자면 저울 눈금이 0을 가리키도록 다른 쪽 접시에 추를 더 올려놓아요. 이 추의 무게가 곧 5리터의 공기 무게가 되는 것이죠. 이를 5로 나누면 이제 공기 1리터의 무게를 알게 되는데 약 1.3그램 정도 됩니다.

1리터의 물의 무게가 1킬로그램인 데 비해, 1리터의 공기는 1.3그램이에요.

공기로 불을 붙이는 기구

자, 이것은 공기압력으로 불을 붙일 수 있는 재미있는 기구예요. 두꺼운 유리관 속에 마개가 달린 막대 피스톤을 넣어요. 공기가 통하지 않도록 이 피스톤을 관 안으로 딱 맞게 잘 밀어넣어요.

피스톤을 꽉 밀어 넣을 때, 관 안에 있는 공기의 저항 때문에 피스톤을 관 끝까지 넣을 수가 없을 겁니다. 피스톤을 눌렀다가 놓으면 혼자서 올라오게 되는데, 압축되었던 공기에 의해 피스톤이 밀리는 거예요.

만약 이 피스톤을 아주 빠르게 누르면 압축되었던 공기가 뜨거워지며, 관의 끝에 있는 작은 부싯깃에 불이 붙어요.

물 망치 ♪

자, 구부러진 큰 유리관 안에 공기는 전혀 들어 있지 않고 일정량의 물이 들어 있어요. 이 관 안의 물이 이 끝에서 저 끝으로 가도록 관을 뒤집으면, 공기의 저항에 부딪치지 않는 물은 둔탁한 소리를 내면서 한꺼번에 쏟아져 유리에 부딪칩니다. 바로 이 소리 때문에 이 유리관을 물 망치라고 부른답니다.

백열전구 ♪

여기 백열전구가 보이죠. 이 안에 공기가 있나요? 없어요. 왜냐하면 전구 안에 공기가 있으면 빛을 내는 필라멘트가 공기 속의 산소로 인해 타 버리기 때문이에요. 하지만 거기에는 다른 가스가 있을 수도 있는데, 예를 들면 조명 가스 같은 것입니다. 실험해 볼까요.

끝부분을 밑으로 향하게 하여 전구를 물속에 담가 봅시다.

물속에서 전구에 구멍을 내면 전구 속에 금방 물이 가득 차올라요. 전구 안이 진공상태가 아니었다면 물이 그렇게 금방 차오르지 않을 겁니다.

두 번째 수업

공기의 무게를
어깨로 느낄 수 있을까

Résumé de la leçon de Physique faite par Mme Curie en son laboratoire au P. C. N. pour Jean et André Langevin, Pierre, Etienne et Mathieu Hadamard, Aline et Francis Perrin et Irène Curie, le 3 février 1907.

실험실에서 마리 퀴리가 강의한 물리학 수업을 기록하다.
이 수업에는 장 랑주뱅, 앙드레 랑주뱅,
피에르 아다마르, 에티엔 아다마르, 마티외 아다마르,
알린 페랭, 프랑시 페랭, 이렌 퀴리가 참여하다.
1907년 2월 3일

마리 퀴리는 지난번에 배운 내용을 반복하면서 수업을 시작했다. 아이들은 펌프를 작동시켰다. 병 속을 진공상태로 만들고, 진공상태가 되었을 때 펌프에서 나는 소리를 알아내는 법을 배웠다.

지난 수업 시간에 공기의 압력에 대해 배웠죠. 자, 여기 공기가 들어 있는 커다란 고무공이 있습니다. 이 고무공은 물렁물렁한 작은 고무공과 연결되어 있어요. 만약 커다란 고무공을 세게 누르면, 작은 고무공이 동그랗게 부풀어 올라요. 이 작은 공 안의 압력이 커진 것이죠. 한쪽 공 안의 공기가 작은 관을 통

한쪽 공을 누르면 다른 쪽 공 안의 압력이 커진다.

해서 다른 공 안의 공기와 통해 있을 때, 다른 쪽의 압력이 동시에 커지지 않으면 나머지 한쪽의 압력도 커질 수가 없어요.

마찬가지로 하나의 방 안이나 서로 연결된 2개의 방 안에서는, 한 방의 공기압력이 변하지 않으면 다른 방의 공기압력도 변할 수 없어요.

대기압이란 ⊃͝

이 방은 문이나 창문을 통해서 바깥과 연결되어 있습니다. 방 안의 공기압력은 방 밖의 공기압력과 같아요. 이 압력을 대기압이라고 말합니다.

마리 퀴리가 아이들에게 질문했다.

고무공 안의 공기압력을 높이려면 어떻게 하죠?

한 아이가 대답했다.

"공을 눌러요."

맞습니다. 하지만 또 다른 방법도 있어요. 우리는 어떻게 바람 빠진 자전거 바퀴를 다시 부풀어 오르게 할 수 있을까요? 그 안에 공기를 넣으면 됩니다. 어떤 물체 안으로 공기를 주입하는 펌프가 있어요. 그 펌프를 이용해서 바퀴 안에 공기를 넣으면 공기압력을 높일 수 있어요. 일정한 공기를 넣어 주어 자전거 바퀴 속의 공기압력을 더욱 강하게 만들면 바퀴가 부풀어 오르는 것이죠.

물통으로 실험을 해 볼까요? 자, 여기 관으로 연결된 작은 고무공 2개가 있어요. 2개 중 하나를 물속에 넣어 보세요. 나머지 다른 공이 부풀어 오르는 것이 보입니다. 이 실험에서 우리는 2개의 공과 이 공들을 연결하는 관 속의 압력이 커졌다는 것을 알 수 있어요. 무엇이 물속에 있는 공을 눌렀을까요? 물론 물입니다.

하지만 물을 누르고 있는 공기도 한몫을 하고 있어요. 이 공기압력이 물을 통해 전달되는 것입니다. 공이 물 위에 있을 때에는 대기압만 받고 있어요. 그러나 공을 물속에 집어넣으면, 이 공은 대기압과 물의 압력을 동시에 받게 됩니다. 이 공이 그 위치에 계속 머물러 있으면 두 공 속의 압력은 같은 수준에 머물러 있어요.

그러나 공을 물속으로 더 깊이 넣으면 두 공 속의 압력은 강해져요. 공 위에 물이 많으면 많을수록 물이 공에 가하는 압력은 그만큼 강해진다는 걸 알게 되었을 거예요.

- + on un pneu de bicyclette ? En faisant arriver de l'air dans ce pneu. Par l'arrivée d'une nouvelle quantité d'air la pression de l'air qui est dans ce caout- chouc devient plus forte, et le pneu se gonfle.

Voici deux petits ballons de caoutchouc communiquant ensemble. Je plonge un de ces ballons dans l'eau ; je vois l'autre se gonfler. Cela prouve n'est ce pas ? que la pression a augmenté dans l'appareil formé par les deux ballons et le tuyau qui les unit.

Qu'est ce qui a pressé sur le ballon qui est dans l'eau ? L'eau évidemment, mais aussi l'air qui presse sur l'eau. Cette dernière pression se transmet à travers l'eau. quand ce ballon était à la surface de l'eau c'était seulement la pression atmosphérique qui le pressait ; quand je l'ai enfoncé dans l'eau, il a eu à supporter la pression atmosphérique et la pression de l'eau. Tant que ce ballon reste au même niveau dans l'eau, la pression reste la même dans les deux ballons

물이 만들어 내는 압력 ◡⟆

조금 전의 실험을 통해 여러분은 공기압력이 전달된다는 것을 알게 됐어요. 이제는 물의 압력이 전달되는지 실험을 통해 알아봅시다.

여기 관이 하나 있어요. 알파벳의 어떤 글자를 닮았죠?

아이들이 한목소리로 대답했다.

"U자를 닮았어요."

맞았어요. 그래서 U자형 관이라고 부르죠. 이 관으로 물도 공기처럼 압력을 전달하는지 실험할 거예요. 자, 이 관에 물을 채우고 고무마개로 양끝을 막아 봅시다. 오른쪽 마개를 손으로 누르면 왼쪽 마개가 위로 올라오는 것이 보여요. 왼쪽 마개를 누르면, 이번에는 오른쪽 마개가 올라옵니다. 물도 압력을 전달한다는 것을 잘 알 수 있어요.

아이들은 직접 실험을 했다. 오른쪽 마개를 누르면 왼쪽 마개가 올라오는 것을 보면서 아이들은 즐겁게 웃었다.

자, 이번에는 다른 실험을 통해 물의 압력이 어떻게 전달되는지 실험해 볼까요? 여기 병이 2개 있어요. 입구가 아주 넓은 병과 비슷한 크기의 입구가 2개 있는 병입니다. 이 2개의 유리병은 튜브로 연결되어 있는데, 이 병에 물을 가득 채워야 합니

mais plus on enfonce profondément le ballon immergé, plus la pression augmente dans l'appareil. Vous comprenez bien que l'eau appuie d'autant plus fort sur le ballon qu'il y en a plus au-dessus de ce ballon.

* *

Pressions transmises par l'eau. Maintenant que vous avez vu que la pression de l'air se transmet nous allons voir si celle de l'eau se transmet aussi. Voici un tube; à quelle lettre de l'alphabet ressemble-t-il?.

— A un U — disent tous les enfants à la fois.

— Précisément; aussi on l'appelle un tube en U. Avec ce tube, on va vous montrer que l'eau transmet, comme l'air, les pressions qu'elle subit.

Je remplis d'eau ce tube et je bouche chaque branche avec un bouchon de caoutchouc. J'enfonce avec la main le bouchon de droite et je vois le bouchon de gauche qui se soulève; si c'est le bouchon de gauche que j'enfonce, c'est le bouchon de droite qui se soulève. Vous voyez comme l'eau transmet bien la pression qu'on lui fait subir.

다. 입구가 큰 병에 물을 붓고, 비슷한 크기의 입구가 2개 있는 병의 입구는 고무막으로 단단히 묶어 막아 놓아요.

물이 가득 채워지면 입구가 넓은 병의 입구를 고무막으로 잘 묶은 다음, 그 고무막을 누르세요. 그러면 다른 쪽 병의 고무막이 부풀어 오르는 것을 볼 수 있습니다. 입구가 넓은 병의 고무막을 누르는 동안, 다른 쪽 병의 고무막에 손을 대 보세요. 그러면 여러분은 물을 통해 전달되고 있는 압력을 느낄 수 있을 거예요.

조금 더 세게 누르면 물은 입구가 2개 있는 병 입구의 고무막을 강하게 압박해서, 옆쪽의 병 입구 고무막이 찢어지기 시작하는 것을 보게 됩니다. 그리고 고무막의 찢어진 구멍으로 물이 솟아 나와요.

입구가 큰 병의 고무막을 훨씬 세게 누르면 작은 고무막들은 튀어 오르거나 완전히 찢어지고 말아요. 너무 강한 압력을 받은 물이 찢어진 고무막을 통해 빠져나오는 것이죠.

아래에서 위로 가해지는 물의 압력

자, 여기 위아래가 뚫린 유리관과 중앙에 실이 고정되어 있

는 둥그런 판이 있어요. 이 기구들을 통해 우리는 물이 아래로 압력을 가하는 것처럼 위로도 압력을 가한다는 것을 배우게 될 거예요. 실이 유리관을 통과하면서 판이 유리관 밑을 막게 됩니다. 다시 실을 놓으면 판은 유리관에서 떨어지죠.

그러나 이 둘을 물속에 넣으면 판이 물의 압력을 받아서 실을 붙잡고 있지 않아도 유리관에서 떨어지지 않는 것을 알 수 있습니다. 만약 물 때문에 판이 유리관에서 떨어지지 않는 것이라면 물이 위쪽으로도 압력을 가한다는 사실이 입증되는 것이죠. 조금 전에 했던 실험을 생각해 봐요. 물속에 작은 공을 넣었을 때, 이 공은 사방에서 물의 압력을 받고 있었어요.

U자형 관

여기 U자형 관이 있어요. 이 관은 서로 연결되어 통하는 2개의 관으로 만들어져 있어요. 이 관의 한쪽 입구에 물을 붓기 시작하면 2개의 관에 똑같은 높이로 물이 차올라요. U자형 관의 물 높이가 수평을 이루면 더 이상 물은 움직이지 않습니다.

Chaque enfant refait cette expérience et rit de voir invariablement le bouchon de gauche se soulever tandis qu'on enfonce celui de droite.

Voici une autre expérience qui montre que l'eau transmet fort bien les pressions.

Je prends deux vases dont l'un a une large ouverture et l'autre, deux petites ouvertures, pareilles à des goulots de bouteilles. Je remplis complètement d'eau ces deux vases de verre qui communiquent par un tuyau de caout-chouc. Les deux ouvertures pareilles à des goulots de bouteille ont été fermées par des membranes de caoutchouc solidement atta-chées avant de verser l'eau par le vase à large ouverture. Quand tout l'appareil est plein d'eau, je ferme par une membrane de caoutchouc bien attachée ce dernier vase tout à fait rempli.

57

물은 왼쪽과 오른쪽에서 같은 크기의 압력을 받고 있기 때문이죠. 즉, 대기압과 같은 높이로 물의 압력을 받고 있어요.

자, 여기 서로 연결된 병이 있어요. 비슷하게 생긴 2개의 유리병인데 이 2개는 튜브로 연결되어 있어요. 이것으로 실험을 해도 같은 결과를 얻을 수 있을까요?

이렌이 왼쪽 병에 물을 붓자, 왼쪽 병에 있는 물의 일부가 오른쪽 병으로 옮겨 가는 것을 볼 수 있었다.

왼쪽 병에 물이 더 많을까요? 아니에요. 자, 이제 양쪽 병 속의 물 높이가 같아졌어요. 튜브 안의 물은 이제 더 이상 움직이지 않아요. 양쪽이 똑같은 크기의 압력을 받고 있기 때문이죠. 이때 가해지는 압력은 대기압과 같은 높이의 물의 압력이에요.

자, 이제 양쪽 관의 모양이 전혀 다른 U자형 관으로 실험을 해 볼게요. 한쪽 관은 깔때기 모양으로 위가 넓어지고, 다른 한쪽 관은 끝으로 갈수록 관이 좁아지는 모양이죠. 이 U자형 관에 물을 부어 봅시다. 어느 쪽 관의 물이 더 높이 올라갈까요? 자, 보세요. 양쪽 관의 모양은 많이 다르지만 물의 높이는 똑같은 것을 볼 수 있어요.

이번에는 또 다른 실험을 해 봅시다. 여기 2개의 유리병이 있어요. 한 유리병과 다른 유리병을 너무 좁지 않은 튜브로 연결해 놓았습니다. 좀 이상한 모양이지만 2개의 병은 서로 연결되

* * *

Pression de bas en haut.
qui montre que l'eau

Voici un petit appareil
presse aussi bien vers
le haut que vers le bas
J'ai un tube et un
disque tenu en son
milieu par une ficelle
J'applique le disque
au fond du tube en
tirant sur la ficelle
Si je lâche la ficelle,
le disque tombe; mais

Vases communiquants. Voici un tube en U; il
forme avec ses deux branches deux vases qui com-
muniquent. Je verse de l'eau par une des
branches du tube; je vois cette eau s'élever

au même niveau dans les
deux branches. L'eau qui
est dans la partie horizon-
tale du tube en U reste
en équilibre, ne bouge plus
parce qu'elle subit à
droite et à gauche la
même pression: la
pression atmosphérique
et une même hauteur
d'eau.

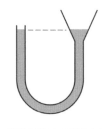

U자형 관이 어떠한 모양이건 관계없이 물의 높이는 항상 같다.

어 있습니다. 물을 부으면 2개의 유리병과 튜브의 물은 역시 같은 높이가 돼요.

이제, U자형 관에 성질이 다른 두 액체를 부으면 어떤 일이 벌어지는지 관찰해 봅시다. 물과 수은을 이용해서 실험하는 것이죠.

우선, 수은을 U자형 관에 부어요. 당연히 양쪽 관의 수은은 같은 높이가 됩니다. 하지만 왼쪽 관에 물을 부으면 어떻게 될까요? 물 때문에 수은의 높이가 변할까요? 약간의 변화가 생겨요. 물을 부었던 왼쪽 관 수은의 높이가 약간 낮아져요.

여기 수평을 이루고 있는 관 속에서 평형을 유지하고 있는 수은은 양쪽으로부터 어떤 압력을 받고 있을까요? 오른쪽 관을 먼저 보면 대기압과 수은 기둥의 압력이고, 왼쪽 관은 대기압, 물 기둥 그리고 소량의 수은이 압력을 가하고 있어요. 왼쪽 관에는 수은이 아주 조금만 남아 있는데 이것을 보충하기 위해서 이렇게 긴 물 기둥이 필요한 것이죠.

랑주뱅 교수가 물 기둥의 길이를 측정했다. 물 기둥의 길이는 13센티미터였다. 이번에는 양쪽 관의 수은 기둥의 차이를 측정해 봤다. 1센티미터였다.

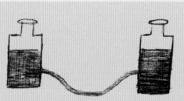

Mais non. Voilà que l'eau est venue à la même hauteur dans les deux flacons. L'eau qui est dans le tuyau de caoutchouc ne bouge plus maintenant, parce qu'elle est pressée également à droite et à gauche. La pression qui s'exerce de chaque côté est la pression atmosphérique et la pression d'une même hauteur d'eau.

*
* *

à ses deux bouts. J'ai ainsi deux vases communiquants assez drôles : ils sont l'un dans l'autre. Je verse de l'eau ; elle va encore à la même hauteur dans les deux vases : dans le tube et dans l'éprouvette.

Maintenant regardons ce qui se passe dans deux vases communiquants, lorsqu'on prend deux liquides différents : du mercure et de l'eau par exemple.

즉, 13센티미터의 물 기둥이 가하는 압력은 1센티미터의 수
은 기둥이 가하는 압력과 같아요. 수평을 이루는 부분의 수은
은 양쪽으로부터 같은 크기의 압력을 받고 있기 때문입니다.

분사 장치

이제 여러분 마음에 들 만한 아주 재미있는 실험을 하게 될
거예요.

마리 퀴리는 플루오레세인 가루를 물속에 넣었다. 이 가루는 물속에
서 풀 줄기처럼 가느다란 선을 그으며 녹았다. 가루가 물에 다 녹자 물
전체가 녹색과 노르스름한 색으로 예쁘게 물들었다.

이번에는 이 물로 실험을 할까요?

마리 퀴리가 말하자 아이들 눈망울이 초롱초롱해졌다.

조금 전의 실험에 사용했던 그 U자형 관에 플루오레세인 용해액을
부었다. 그러자 끝이 좁아지는 관과 깔때기 모양 관의 물 기둥 높이가
같아졌다. 마리 퀴리가 끝이 좁아지는 관의 위치를 훨씬 낮췄더니, 깔
때기 모양 관 속의 물 높이와 같은 높이로 맞춰지기 위해 관 끝으로 물
이 치솟아서 작은 분수처럼 되었다.

아이들은 탄성을 질렀다.

Je verse du mercure dans un tube en V; il va naturellement au même niveau dans les deux branches. Mais si je verse de l'eau dans la branche de gauche, que va-t-il arriver? L'eau ne dérange pas beaucoup le mercure, ... un petit peu tout de même. Le mercure a baissé légèrement du côté où l'on a versé l'eau. Qu'est ce qui presse de chaque côté, le mercure qui est en équilibre dans la partie horizontale du tube en V? A droite c'est la pression atmosphérique et l'eau et une moindre hauteur de mercure. Pour compenser la toute

13 cm

1 cm

63

같은 높이로 맞춰지기 위해 물이 치솟아 오른다.

원하는 대로 잠그거나 열 수 있는 수도꼭지를 통해 물이 나오는 것도 바로 이 같은 원리입니다. 물은 가느다란 튜브나 관 속에 있는데 이 튜브나 관이 아주 높은 곳에 위치한 물탱크와 연결돼 있어요. 말하자면 이 관과 물탱크가 커다란 U자형 관과 같은 형태로 연결돼 있는 것입니다.

대기압이 떠받치는 물 기둥 ♪

자, 여기 한쪽 끝이 막힌 기다란 관이 있어요. 이 관의 길이는 대략 2미터 정도입니다. 이 관을 물로 채운 다음 손가락으로 끝을 막고 거꾸로 세워서 물이 담긴 용기 속에 넣어요. 물속에서 관 끝을 막았던 손을 떼어 보세요. 그러나 물은 내려오지 않습니다. 관 끝까지 꽉 찬 채 그대로 있어요. 무엇이 이 관 속의 물을 받쳐 주고 있을까요?

2미터나 되는 물 기둥을 떠받치고 있는 것은 무슨 힘일까요? 그것은 용기에 담긴 물을 누르고 있는 대기압입니다. 관 속에

Jet d'eau. Mme Curie baisse alors beaucoup le tube effilé, et l'eau, qui veut aller au même niveau dans ce tube que dans le vase en forme d'entonnoir avec lequel il communique s'échappe par la pointe du tube en un beau jet d'eau vert.

Les enfants sont émerveillés. C'est de cette façon que, dans nos cuisines, l'eau arrive par le robinet qu'on ouvre ou qu'on ferme à volonté. L'eau est dans le tube ou dans un tuyau qui communique avec un réservoir placé très haut; ce tuyau et ce réservoir forment deux vases communiquants.

Hauteur d'eau soulevée par la pression atmosphérique.

Voici un long tube fermé à un bout; ce tube a 2 m de long à peu près. Je le remplis d'eau, puis je le bouche avec le doigt, je le retourne et je le porte dans un récipient contenant de l'eau. Sous l'eau je retire mon pouce, j'ouvre ainsi le tube, mais l'eau ne descend pas.

는 공기가 없기 때문에, 물에 압력을 가하고 있는 것은 아무것도 없어요.

이번에는 3미터짜리 관으로 실험을 계속할까요? 같은 실험을 하면 관 끝까지 물이 차 있는 것을 또 한 번 확인할 수 있어요. 4미터짜리 관으로 실험을 한다 해도 결과는 마찬가지예요. 5미터짜리 관은 어떨까요? 마찬가지 결과예요. 만약 이 방의 천장이 충분히 높아서 10미터짜리 관을 가지고 실험한다 해도, 대기압이 받치고 있기 때문에 관 끝까지 올라가 있는 물 기둥을 볼 수 있을 거예요.

그런데 11미터짜리 관으로 실험을 하면 물 기둥은 관 끝까지 올라가지 못해요. 대기압은 10미터짜리 물 기둥은 들어올릴 수 있지만, 11미터나 되는 물 기둥을 떠받치고 있을 만한 힘은 없어요.

대기압이 만들어 낸 수은 기둥의 높이

대기압이 들어올릴 수 있는 물 기둥의 높이가 10미터라면 수은 기둥도 같은 높이로 올려질 수 있을까요? 아니요, 수은은 물보다 비중이 훨씬 크기 때문에 대기압은 물과 같은 높이의

Elle reste jusqu'au haut du tube.
Qu'est ce qui soutient l'eau dans ce
tube. Qu'est ce qui soulève cette
colonne d'eau de 2 m ? C'est la
pression atmosphérique qui appuie
sur l'eau du récipient. Dans le
tube il n'y a pas d'air et aucune
pression n'est exercée sur l'eau.

Je prends maintenant un tube
de 3 m ; je refais la même expérience
avec ce tube. Je vois encore l'eau
monter tout à fait en haut du tube. On pourrait
prendre un tube de 4 m de haut ; ce serait encore
la même chose. On pourrait prendre un tube de
5 m ; ce serait la même chose. Si cette salle
était assez haute, nous prendrions un tube de
10 m de longueur et nous verrions encore l'eau
monter tout en haut, poussée par la pression
atmosphérique. Mais si nous prenions un
tube de 11 m, l'eau ne monterait pas jusqu'au
sommet de ce tube. La pression atmosphérique
est assez forte pour soulever une colonne d'eau
de 10 m et pas assez forte pour en soulever une
de 11 m.

Si la pression atmosphérique soulève une
colonne d'eau de 10 m, aura t-elle la force de

수은 기둥을 견디지 못할 거예요.

실험을 통해 확인해 봅시다. 여기 조금 전 실험에 사용했던 한쪽 끝이 막힌 2미터짜리 관이 있어요. 관에 수은을 채운 후, 손가락으로 한쪽을 막고 관을 뒤집어요. 그러고는 수은이 담긴 용기 안에 이 관을 넣은 후, 손가락을 떼고 그다음에 일어나는 일을 관찰해 보세요.

수은 기둥은 물 기둥처럼 관의 끝까지 차오르지 않아요. 수은이 관 총길이의 반에 좀 못 미치는 높이까지 내려와요. 그렇지만 관 안에서는 그 어느 것도 수은에 압력을 가하고 있지 않아요. 관을 충분히 기울이면 수은이 관의 끝까지 차오르는 것이 보이기 때문이죠.

이것은 관 안에 어떤 공기나 가스도 들어 있지 않다는 것을 증명하고 있습니다. 관 안에서 들어 올려진 수은은 용기 안의 수은이 받고 있는 대기압 이외에 그 어떤 압력도 받고 있지 않아요. 관 안의 수은 기둥은 대기압이 어느 정도의 높이까지 수은을 들어 올릴 수 있는지를 증명해 주고 있어요.

이 수은 기둥을 한번 재 볼까요. 0.77미터의 높이예요. 말하자면, 대기압은 수은을 77센티미터까지 들어 올릴 수 있어요.

여러분이 이미 알아차렸겠지만 우리의 어깨를 누르고 있는 대기압은 상당한 힘이 있어요. 의심할 필요도 없이 우리는 모

soulever une colonne de mercure aussi haute?
— Non; le mercure est beaucoup plus dense
que l'eau; la pression atmosphérique ne pourra
pas en soulever autant.

Hauteur du mercure soulevé par la pression
atmosphérique. Nous allons voir. Prenons comme
tout à l'heure un tube de 2 m environ, fermé à
une de ses extrémités. Je remplis ce tube de
mercure, je le ferme avec le pouce; je le
retourne, je le porte sur un récipient contenant
du mercure; je retire mon pouce sous le
mercure et je regarde ce qui se passe. Le

mercure ne reste pas comme
l'eau jusqu'au sommet du
tube; il descend plus bas que
la moitié de la hauteur du
tube. Or dans le tube même
rien ne presse sur le mercure
soulevé car si on penche
suffisamment le tube, on
voit le mercure le remplir
tout entier, ce qui prouve
qu'il est vide d'air ou de
tout autre gaz. Le mercure
soulevé dans le tube ne subit
donc d'autre pression que
la pression atmosphérique.

두 압력을 받고 있습니다. 여러분은 몸의 각 1세제곱센티미터 당 대략 1킬로그램 무게의 압력을 받고 있어요.

여러분은 이러한 압력에도 몸이 부서지지 않는 게 신기할 거예요. 하지만 여러분은 대기압을 견뎌 내는 데 이미 익숙해져 있고, 우리의 몸은 이것을 이겨 내도록 돼 있습니다. 이 압력에 저항하는 액체와 세포가 우리 몸의 조직 속에 있고, 반대 방향으로 압력을 가하는 가스도 들어 있어요.

자, 이제 우리가 액체를 들이마실 때, 어떤 일이 일어나는지를 여러분이 잘 이해할 수 있도록 도와줄 만한 실험을 하겠어요. 여기 양쪽 끝이 뚫린 유리관이 있습니다. 이 관의 끝에는 공기를 흡입할 수 있는 작은 고무관이 달려 있어요. 이 관을 물이 담긴 용기 속에 넣어요. 용기와 관은 서로 연결되어 있고, 양쪽의 물 기둥 높이는 같아요.

작은 고무관을 통해 물을 빨아들여요. 물이 관을 타고 올라옵니다. 왜 그럴까요? 여기 관과 용기를 살펴보세요. 무엇인가 변한 것이 있나요? 숨을 들이마실 때, 공기를 끌어내기 때문에 관 안에는 조금 전보다 공기가 적어졌어요. 그러니까 관 속의 압력은 더 이상 대기압이 아니에요. 안에서 누르는 힘은 밖에서 누르는 힘보다 약해요. 그래서 물이 올라가는 것입니다.

"만약 관을 수은 속에 담가도 수은을 빨아들일 수 있을까요?"

On prend un tube de verre ouvert à ses deux bouts et muni à une de ses extrémités d'un petit tuyau de caoutchouc par lequel on pourra aspirer. On plonge le tube dans un récipient contenant de l'eau. Le récipient et le tube forment deux vases communiquants dans lesquels l'eau est à la même hauteur. Aspirons de l'eau par le petit tuyau de caoutchouc; elle monte dans le tube. Pourquoi ?

Nous avons bien toujours deux vases communiquants, qu'y a-t-il donc de changé ?... Quand on aspire On retire de l'air et il y a maintenant dans le tube moins d'air que tout à l'heure. La pression dans le tube n'est donc plus la pression atmosphérique; ce qui pousse du dedans est moins fort que ce qui pousse du dehors et l'eau monte.

Si le tube plongeait dans du mercure pourrait-on aspirer du mercure ? — Oui, mais ce ne serait pas très facile. On l'élèverait 13 fois moins haut que l'eau en aspirant avec la même force

. .

그럼요. 하지만 그렇게 쉽지는 않을 거예요. 같은 힘으로 빨아들일 때, 수은은 물의 13분의 1 정도의 적은 양만 올라올 거예요.

아이들은 물속에서 시험관에 물을 채우고, 완전히 들어올리지 않은 상태에서 시험관을 똑바로 세워 봤다. 그리고 물이 용기 안으로 쏟아지지 않고 시험관 안에 그대로 있는 것을 눈으로 확인했다.

세 번째 수업

물은 어떻게
우리 집까지 올까

Résumé de la leçon faite par Mme Curie
en son laboratoire au P.C.N, pour Jean
et André Langevin, Aline et Francis Perrin,
Irène Curie, Pierre, Etienne et Mathieu
Hadamard et Paul Magrou le 10 février 1907

실험실에서 마리 퀴리가 강의한 물리학 수업을 기록하다.
이 수업에는 장 랑주뱅, 앙드레 랑주뱅, 알린 페랭,
프랑시 페랭, 이렌 퀴리, 폴 마그루, 피에르 아다마르,
에티엔 아다마르, 마티외 아다마르가 참여하다.
1907년 2월 10일

마리 퀴리는 기압계에 대해 아이들한테 질문을 하고 직접 만들어 보도록 했다. 기다란 유리관 안에 수은을 넣은 마리 퀴리는 손가락으로 관을 막은 후, 그것을 뒤집었다. 수은 속으로 약간의 공기가 들어간 것을 볼 수 있었다.

마리 퀴리가 공기 방울을 이리저리 이동시키자 커다란 방울이 작은 방울들과 합쳐지는 것을 볼 수 있었다. 마리 퀴리는 관을 수은이 담긴 용기 위에 놓고 관을 막고 있던 손가락을 떼었다. 수은이 관 안에서 내려갔다.

아이들은 자를 가지고 수은이 관 안 어디쯤에서 멈췄는지를 쟀다. 75센티미터 지점이었다.

관 안의 수은을 받치고 있는 힘이 무엇인가요?

"대기압입니다."

관 안에 공기가 갇혀 있을 때, 어느 쪽 힘이 더 강한가요? 공기의 압력일까요, 아니면 대기압일까요?

알린 페랭은 대기압이 수은 기둥을 받치고 있으니까, 관 안의 공기보다 더 강하다고 대답했다.

이 관 안 공기의 압력을 높일 수는 없을까요?

"높일 수 있어요. 압축시키면 되죠."

관을 더 깊이 찔러 넣어 이 공기를 압축시켜 봤다. 수은 기둥이 더 짧아지는데 수은 기둥 위에 있는 공기가 더욱 압력을 가하기 때문이다.

자, 관 속의 수은 기둥이 용기 속의 수은과 같은 높이가 되었어요. 이것은 관 안에 갇힌 공기의 압력이 대기압과 같다는 것을 의미해요. 이 압력을 대기압보다 더 강하게 하려면 관 속의 수은 높이가 용기 안의 수은 높이보다 더 낮아지도록 관을 더 깊이 찔러 넣으면 됩니다.

이제 U자형 관으로 실험을 하겠어요. 이 관에 수은을 집어

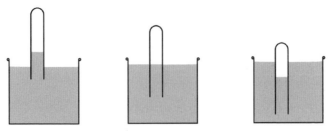

관의 위치에 따라 관 안의 공기압력이 변한다.

Ne pourrait-on pas augmenter la pression de l'air enfermé dans ce tube ? — Si, en le comprimant. On comprime cet air en enfonçant le tube, la colonne de mercure est devenue plus courte, parce que l'air qui est au-dessus presse davantage.

Voici la colonne de mercure descendue au même niveau dans le tube que dans la cuvette. Cela signifie que la pression de l'air enfermé dans le tube est aussi forte que la pression atmosphérique. Pour que cette pression fût plus forte que la pression atmosphérique il faudrait enfoncer le tube assez pour que le niveau du mercure qu'il contient fût au dessous du niveau du mercure dans la cuvette.

Voici un tube à 2 branches. Je verse du mercure dans ce tube Il va à la même hauteur dans les deux branches Des deux côtés c'est la pression atmosphérique qui pèse sur le mercure. Si d'un côté je souffle et si je bouche vite du côté où j'ai soufflé, le mercure baisse un peu de ce côté-là, car j'ai envoyé de l'air en soufflant et la pression est devenue plus forte que de l'autre côté où pèse seulement la pression atmosphérique.

Aspirons au lieu de souffler. De quel côté va monter le mercure ? Du côté où l'on

79

넣으면 양쪽에 같은 높이로 수은이 차오르죠. 양쪽에서 수은을 누르고 있는 것은 대기압이에요. 만약 제가 한쪽에 바람을 불어 넣은 후 재빠르게 막으면, 그쪽 수은이 약간 낮아지는 것을 볼 수 있어요. 공기를 불어 넣어서 대기압이 누르고 있는 다른 쪽보다 압력이 더 강해졌기 때문이에요. 바람을 불어 넣는 대신 숨을 들이마셔 보세요. 어느 쪽의 수은이 올라갈까요?

"들이마신 쪽이요."

맞았어요. 숨을 들이마시면 공기를 빨아들이게 되고 그곳의 압력이 약해지기 때문입니다.

마그데부르크의 반구 〰️

이번에는 아주 재미있는 경험을 하게 될 거예요. 여기 동으로 만들어진 구가 있는데 이 구는 2개의 반구로 열려집니다. 딱 맞게 닫혀지는 상자와 같다고 생각하세요. 보세요, 쉽게 열리죠?

한쪽 구에 달려 있는 밸브를 통해 펌프의 원리를 이용해서 그 안에 있는 공기를 모두 빼내요. 이제 2개의 반구를 서로 떼보도록 하죠. 2개가 딱 붙어서 떨어지지 않을 거예요. 밖의 공기가 이 구에 강하게 압박을 가하고 있기 때문이에요. 밸브를 열어서 그 안으로 공기를 들여보내요. 이번에는 아주 쉽게 열리는 것을 알 수 있습니다.

가정으로 물을 보내는 원리

여기 커다란 물탱크가 있어요. 이 물탱크는 관을 통해 병과 연결되어 있어요. 만약 병이 물탱크보다 더 높은 곳에 있으면 아무 일도 일어나지 않아요. 그런데 더 낮은 위치에 놓으면 물이 관 끝을 통해 분수처럼 솟구쳐서 병 안으로 흘러들어 가요.

이런 원리로 물은 각 가정으로 오는 거예요. 관을 통해서 물이 각 가정으로 보내지는데, 이 관은 집보다 훨씬 높은 곳에 있는 물탱크와 연결되어 있어요. 7층짜리 건물에 물을 보내기 위해서는 물탱크가 이 건물보다 더 높은 곳에 있어야 합니다.

퐁트네 오 로즈에 있는 장 랑주뱅 집의 경우는 로뱅송의 언덕 높은 곳에 있는 물탱크로부터 물이 옵니다. 켈러만 거리에 사는 이렌과 알린의 집으로는 몽수리 공원 옆에 있는 커다란 물탱크의 물이 가는 것이죠.

커다란 물탱크의 물은 어디서 오는 것일까요? 산에 있는 샘

Hémisphères de Magdebourg. Voici une expé-
rience très amusante

Voici une sphère en cuivre qui s'ouvre
en deux hémisphères. C'est comme une boîte
qui ferme exactement. Vous voyez que vous
l'ouvrez facilement.

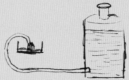

Par le robinet qui est à un des hémisphères
je retire tout l'air qui est dans la boîte
avec une trompe à eau. Essayez maintenant
de séparer les hémisphères. Vous réunis
vous n'y pouvez arriver, tant l'air du
dehors presse fort sur les hémisphères. Je
tourne le robinet et je fais rentrer de
l'air : les hémisphères se séparent alors sans
effort.

C'est ainsi que l'eau arrive dans nos mai-
sons. Elle est amenée par un tuyau qui
vient d'un réservoir placé plus haut
que nos maisons.

으로부터 관을 통해서 오기도 하고, 강으로부터 끌어오기도 해요. 그런데 물탱크보다 낮은 곳에 있는 강으로부터 물을 끌어올 때는 펌프를 이용해야만 하죠.

대기압의 힘을 이용한 펌프 ☞

펌프는 실린더, 피스톤, 흡입관, 역류관으로 구성되어 있어요. 흡입관은 우물 속으로 물을 찾으러 갑니다.

피스톤을 들어 올리면 진공상태가 돼요. 대기압에 의해 밀려진 물은 흡입관으로 올라오고, 밸브를 들어 올려서 실린더 속으로 들어오게 돼요. 피스톤이 다시 내려가면서 흡입관의 밸브를 누르고 있는 물에 압력을 가해서 밸브를 닫아요.

이런 과정을 통해 물은 어쩔 수 없이 역류관을 지나가게 돼요. 밸브를 밀어내고 물탱크에 도달하게 됩니다.

물을 펌프로 끌어 올리기 위해서 반드시 해야 하는 일이 있습니다. 피스톤을 들어 올렸다 내렸다 하는 일입니다.

Pompe aspirante et foulante. Une pompe se compose d'un cylindre (corps de pompe) d'un piston qui glisse dans ce corps de pompe, d'un tuyau d'aspiration et d'un tuyau de refoulement :

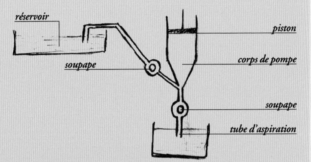

- réservoir
- soupape
- piston
- corps de pompe
- soupape
- tube d'aspiration

Le tuyau d'aspiration va chercher l'eau dans un puits par exemple. On soulève le piston, le vide se fait ; l'eau poussée par la pression atmosphérique monte dans le tuyau d'aspiration et soulève une soupape, une sorte de bille, puis monte dans le corps de pompe. Le piston, en redescendant, pousse l'eau qui appuie sur la soupape du tuyau d'aspiration et la ferme ; alors l'eau est obligée de passer dans le tuyau de refoulement elle pousse une soupape et arrive dans le réservoir. Pour pomper de l'eau, il faut

사이펀 ♪

이제 여러분은 아주 편리한 방법으로 한 용기에서 다른 용기로 물을 옮기는 것을 보게 될 거예요. 여기 ㄷ자 모양으로 구부러진 관이 있는데 양쪽 관의 길이가 각각 달라요. 이것을 사이펀이라고 해요. 사이펀은 높은 곳에 있는 용기에 담긴 액체를, 용기를 기울이지 않고 낮은 곳으로 흘려 보낼 때 사용하는 기구입니다.

사이펀의 양쪽 관에 물을 넣어요. 이 양쪽에 물을 채웠을 때 '사이펀으로 주입되었다'라고 합니다. 이 양쪽 끝을 잘 막고 사이펀을 돌려요. 그 안의 물을 옮기려는 용기 안에 짧은 관을 넣고, 긴 관은 다른 용기 위에 놓아요.

사이펀의 긴 쪽에 들어 있던 물이 빠져나가게 돼요. 그러면 관 속은 일시적으로 진공상태가 되고, 대기압이 작용하면서 이 진공상태를 메우기 위해 짧은 관이 담겨 있는 용기 속의 물이 짧은 관을 타고 올라갑니다. 이렇게 해서 용기 속의 물이 전부 사이펀을 통해 다른 용기 속으로 흘러가게 됩니다.

아이들은 직접 사이펀으로 주입하여 용기의 물을 다른 용기로 옮겨봤다.

Siphon. Vous allez voir un moyen très commode pour faire passer de l'eau d'un vase dans un autre.

Je prends un tube coudé dont les deux branches sont d'inégales longueurs

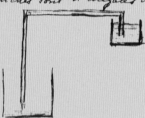

Voici trois éprouvettes dans lesquelles vous voyez un œuf.

A   B   C

L'éprouvette A contient de l'eau; l'œuf plus dense que l'eau, va au fond. Dans l'éprouvette B il y a de l'eau un peu salée qui est juste aussi dense qu'un œuf : l'œuf reste en suspension dans cette eau. Dans l'éprouvette C il y a de l'eau plus salée; l'œuf flotte sur cette eau, par ce qu'il est moins dense qu'elle.

아르키메데스의 원리 ♫

자, 여기 비커가 3개 놓여 있고 각각의 비커 안에는 달걀이 들어 있습니다. A 비커 안에는 물이 들어 있는데 물보다 비중이 큰 달걀은 밑으로 가라앉아요. B 비커에는 달걀과 비중이 비슷한 정도의 소금물이 들어 있고 달걀은 중간쯤에 떠 있어요. C 비커의 물에는 소금을 조금 더 많이 넣었어요. 달걀이 물 위에 떠 있죠. 소금물보다 비중이 낮기 때문이에요.

달걀이 소금물 위에 떠 있는 것은 소금물에서는 달걀이 무게를 잃어버리기 때문이에요. 여러분 중에는 수영할 줄 아는 사람이 있을 거예요. 물속에서는 몸이 약간 뜨는 것을 느낄 수 있어요. 공기 중에서는 그렇게 되지 않아요. 그 이유는 물속에서는 몸무게의 일부를 잃어버리기 때문이죠.

자, 여기 구리로 된 2개의 원통이 있어요. 하나는 속이 비어 있고, 다른 하나는 속이 메워져 있어요. 속이 메워져 있는 원통과 속이 비어 있는 원통의 크기는 같습니다. 즉, 이 2개의 원통은 부피가 같아요.

양팔저울을 가지고 실험할 거예요. 양 접시 중의 한 접시 밑에 이 2개의 원통을 매달아요. 저울이 평형을 유지할 때까지, 다른 쪽 접시 위에 납 덩어리를 올려놓아요.

이번에는 속이 메워져 있는 원통을 물속에 넣으면 어떤 일이 일어날까요? 납이 올려져 있는 접시 쪽으로 저울이 기울어요.

마리 퀴리는 아이들이 직접 실험하도록 했다.

한 물체가 물속으로 들어가면 이 물체는 공기 중에 노출되어 있을 때보다 무게가 덜 나가는 것처럼 돼요.

물이 위쪽으로, 또 아래쪽으로 압력을 가하죠. 그러나 밑에서 가하는 압력이 훨씬 강하기 때문에 물은 물체를 떠올리게 되는 것입니다.

이제 물속에 넣은 원통이 공기 중에 있을 때의 무게보다 얼마나 덜 나가는지를 알아볼까요?

위에 있는 속이 빈 원통을 물로 채워요. 자, 이제 저울이 다시 평형을 유지하죠. 물속에 잠겨 있는 원통은 그 원통이 물로 되어 있을 경우의 무게만큼 덜 나가는 것이에요. 즉, 이렌이 물

물체가 물속에 잠길 때 잃어버리는 무게를 측정하는 법

que dans l'eau on perd une partie de son poids.

Voici deux cylindres de cuivre ; un creux, l'autre plein ; le plein entre exactement dans le creux ; donc ils ont même volume.

Nous prenons une balance

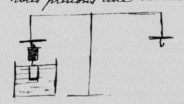

Sous un des plateaux nous suspendons les deux cylindres. Nous mettons de la grenaille de plomb sur l'autre plateau jusqu'à ce que l'équilibre soit établi. Nous allons voir ce qui arrive si le cylindre plein plonge dans l'eau. Le plateau portant la grenaille de plomb s'abaisse.

Madame Curie fait répéter à tous les enfants :

Quand un corps plonge dans l'eau il se comporte comme s'il pesait moins que dans l'air.

L'eau pousse d'en haut et d'en bas mais d'en bas elle pousse plus fort et elle soulève le corps.

속에 몸을 완전히 담갔을 때, 그 몸무게는 이렌의 몸이 물로 만들어졌을 때의 몸무게로 줄어드는 것이죠.

자, 실험을 계속할까요. 이번에는 더 흥미로운 실험이에요. 여기 한쪽으로 물이 나갈 수 있는 작은 관이 달린 용기가 있습니다. 저울의 접시 밑에 속이 빈 원통과 속이 찬 원통을 매달고, 접시 위에는 작은 유리컵을 올려놓아요. 그리고 용기를 물이 흘러 나가는 관이 있는 높이까지만 물로 채웁니다.

속이 메워진 원통을 물속에 담그면 물이 넘치는데, 접시 위에 올려진 이미 무게를 젠 유리컵에 이 물을 받아요. 그러고 나서 이 컵을 접시 위에 올려놓아요. 다시 평형을 이루고 있죠. 원통이 물속에서 잃어버린 무게와 원통 때문에 넘친 물의 무게가 같다는 사실을 알 수 있어요.

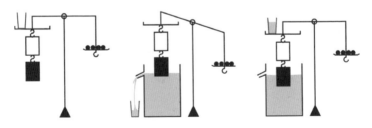

원통이 물속에서 잃은 무게와 넘친 물의 무게는 같다.

Nous allons voir de combien le cylindre plongé dans l'eau pèse moins que dans l'air. Remplissons d'eau le cylindre creux qui est au-dessus. Voilà l'équilibre rétabli. Donc le cylindre pesait moins, plongé dans l'eau de la valeur d'un cylindre qui serait fait en eau. Quand Irène est tout entière plongée dans l'eau, son poids est diminué du poids d'une Irène qui serait faite en eau.

Nous allons faire encore quelque chose de très gentil.

Voici un vase qu'on appelle vase à trop plein.
Nous plaçons sous le plateau de la balance le cylindre creux et au dessus de ce plateau une petite coupe en verre. Nous remplissons d'eau le vase jusqu'au tube d'écoulement.

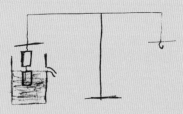

네 번째 수업

무게는 어떻게 잴까

Leçon faite par Madame Curie à la Sorbonne le 16 avril 1907 pour Jean et André Langevin Paul Magrou, Marguerite Chavannes, Aline et Francis Perrin, André Mouton, Pierre Brucker, et Irène Curie.

소르본 대학에서 마리 퀴리가 강의한 물리학 수업을 기록하다.
장 랑주뱅, 앙드레 랑주뱅, 폴 마그루, 앙드레 무통,
마르게리트 샤반, 알린 페랭, 프랑시 페랭,
피에르 브루케르, 이렌 퀴리가 강의를 듣다.
1907년 4월 16일

저울은 여러 부분으로 이뤄져 있어요. 자, 저울대부터 볼까요? 이 긴 부분이 저울대고, 여기 연결되어 있는 부분은 팔이에요. 여기는 받침날입니다.

마리 퀴리는 아이들에게 예리한 모서리를 만져 보라고 했다.

저울대는 받침날에 의해 받침대 위에 놓여 있어요. 받침날은 저울대가 균형을 맞추는 데 사용됩니다. 저울대 양팔의 끝에 접시를 매달아 놓았는데, 접시를 매다는 방법은 여러 가지가 있습니다. 자, 부엌 저울이 보이죠. 여기에는 저울대의 양팔에 고리를 이용해서 접시들을 매달았어요.

여기 다른 저울이 보이죠. 이 저울은 저울대의 양팔 끝에 받침날이 있고, 접시가 있는 오목하게 파인 부품을 그 받침날 위에 올려놓았어요. 이 저울에는 정지 장치가 있어요. 저울을 사용하지 않을 때, 접시가 움직이지 못하도록 하는 일종의 열쇠 같은 장치입니다. 정지 장치를 갖춘 저울은 굉장히 민감해요.

아이들은 저울을 분해하고 조립해 봤다. 두 그룹으로 나뉘어 나이가 많은 그룹은 3개의 받침날을 갖춘 저울을, 나이가 어린 그룹은 부엌 저울로 이 실험을 했다.

바늘은 저울대의 위치를 알려 주는 데 사용해요. 바늘이 움직이지 않는 한 저울대도 움직이지 않아요.

양쪽 접시 위에 놓인 물체들의 무게가 비슷하면 마치 접시 위에 아무것도 없는 상태와 같아져요. 저울 위에 물체를 올려놓았다고 해도 균형이 깨지지 않는 것이죠. 양쪽 접시 위에 올려놓은 물체의 무게가 같을 때, 저울은 평형을 유지한다고 말할 수 있어요. 자, 이제 물건의 무게를 측정해 보도록 할까요?

추로 무게 달기

이렌과 장이 작은 잔 속의 구리 가루 무게를 측정하려고 했다(정지 장치가 있는 저울은 완전히 정지하기 전에는 절대로 물건을 올려놓아서는 안 된다).

장은 이렌이 무게를 측정하는 것을 지켜봐야 했다. 장은 구리 가루의 관리를 맡고 있었다.

프랑시가 구리 가루의 무게를 측정해 보세요. 접시 위에 구리 가루를 올려놓아요. 자, 어떤 일이 일어났죠?

"접시가 내려갔어요."

프랑시가 측정한 구리 가루의 무게는 26그램이었다.

다른 쪽의 접시를 다시 내려오게 하기 위해서 그 위에 추를 올려놓아야 합니다. 무게를 측정하기 위해서 여러 종류의 추가 필요해요. 우선 무거운 추부터 올려놓으세요. 그다음에는 그것보다 좀 가벼운 것, 다음에는 더 가벼운 것, 이런 순서로 추들을 올려놓아요.

저울 위에 물건을 올려놓을 때는 절대로 거칠게 하면 안 됩니다. 추의 무게가 너무 무거울 때는 내려놓기도 하고, 충분히 무게가 나가지 않을 때에는 더 올려놓아 보세요.

이렌은 빈 잔의 무게가 39.5그램이라고 말했고, 장이 측정한 구리 가루가 담긴 작은 잔의 무게는 126그램이었다.

그러므로 구리 가루의 무게는 126그램－39.5그램＝86.5그램이라는 것을 알 수 있었다.

Voici une autre balance. Ici à l'extrémité de chaque bras du fléau est un couteau au-dessus duquel on pose une pièce creuse portant les plateaux. Cette balance a un arrêt ; c'est cette espèce de clé qui permet d'immobiliser les plateaux quand on ne s'en sert pas. Les balances qui ont des arrêts sont très sensibles.

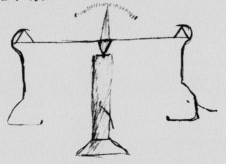

(Tous les enfants démontent et remontent une balance, les grands la balance à 3 couteaux et les petits, la balance de cuisine)

L'aiguille sert à indiquer la position du fléau. Le fléau ne peut pas bouger sans que l'aiguille ne bouge.

물의 무게 재기 ᓚᕠᕮᗢ

실험은 계속되었다. 알린과 마르게리트는 우선, 작은 빈 병의 무게를 측정한 다음, 물을 가득 채워서 다시 무게를 측정했다. 병의 무게는 14.7그램이었다. 물이 가득 차 있을 때는 64.5그램이 되었다.

병 속에 담긴 물의 무게는 64.5그램 – 14.7그램 = 49.8그램이라는 것을 알 수 있었다.

마지막으로 측정한 것을 확인해 볼까요? 1리터의 물은 1킬로그램 혹은 1,000그램이죠. 1리터는 몇 세제곱센티미터일까요?

"1,000세제곱센티미터예요."

그러므로 1세제곱센티미터의 물의 무게는 1그램입니다. 이 작은 병에는 50세제곱센티미터가 들어갑니다. 즉, 이 병에 담을 수 있는 물의 무게는 50그램이 되는 것이죠. 여러분이 잰 무게가 49.8그램이니까 비교적 정확하게 측정했어요. 참 잘했어요.

저울대의 길이와 무게 ᓚᕠᕮᗢ

이번에는 부엌 저울로 실험을 계속할까요? 접시를 모두 떼

filles ont trouvé 49 gr, 8. C'est très bien. Elles ont bien pesé.

Je prends la balance de cuisine; je lui enlève ses plateaux. Je suspends à chaque crochet du fléau un poids de 1 kg.

Le fléau est en équilibre. Vous voyez que l'essentiel de la balance, c'est le fléau. Est-ce donc qu'on pourrait se passer des plateaux? Oui, mais ils sont une commodité pour peser.

Quand les bras sont égaux et que les poids sont égaux, le fléau est en équilibre.

Je vais changer la longueur d'un des bras du fléau en pendant le poids plus près du couteau. C'est du côté où le bras est plus long que le poids penche. Que dois-je faire pour rétablir l'équilibre? Mettre à ce côté un poids moins lourd. Est-ce qu'il vous est arrivé de vous balancer aux deux bouts d'une planche? quand

어 내고 저울대의 각 고리에 100그램짜리 추를 매달아요. 저울
대의 수평을 유지하기 위해서죠. 저울에서 중요한 것은 바로
저울대라는 것을 알 수 있어요.

접시는 무엇에 쓰는 것일까요? 그래요, 무게를 측정할 때 편
리하게 하기 위한 것에 불과합니다. 저울의 양 접시의 위치가
같아지고 무게가 같아지면 저울대는 평형을 유지하게 됩니다.

저울대 양팔 중 한 팔의 길이를 바꿔 볼까요? 무게가 기우는
쪽은 팔이 긴 쪽이죠. 평형을 유지하려면 어떻게 해야 하나요?
이쪽에 무게가 덜 나가는 추를 올려놓아요. 널빤지로 시소를
타 본 적이 있나요?

여러분과 함께 시소를 타는 친구가 여러분보다 가벼우면 그
친구는 널빤지의 중간에 가까이 앉으면 안 돼요. 몸무게가 더
많이 나가는 친구가 더 가까이에 앉고, 덜 나가는 친구가 멀리
앉아야 균형이 이뤄지거든요.

폴은 저울대 양팔 중 한쪽 길이의 반을 쟀다. 그리고 100그램짜리
추를 매달았다. 저울대가 평형을 유지하기 위해서는 다른 팔의 끝에
50그램짜리 추를 매달아야 했다.

양팔의 길이가 다른 저울대가 평형을 유지하고 있을 때, 두
배로 긴 팔에는 두 배로 가벼운 추를 매달아야 합니다.

le petit camarade avec qui vous vous balancez
est plus léger que vous, vous voez qu'il ne
faut pas que la planche appuie en son
milieu. L'enfant le plus lourd doit être
le plus près, et l'enfant le plus léger plus
loin.

Paul mesure le milieu d'un des bras
du fléau et on y suspend un poids de 1 kg.
Pour que le fléau soit en équilibre, il faut
suspendre à l'extrémité de l'autre bras
un poids de 500 gr.

Quand un fléau à bras inégaux
est en équilibre, le bras qui est deux fois
plus long porte un poids deux fois plus
petit.

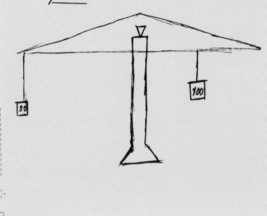

다섯 번째 수업

고체와 액체의 밀도는
어떻게 알 수 있을까

Leçon faite par Madame Curie à la Sorbonne,
le 30 avril 1907

소르본 대학에서 마리 퀴리의 강의
1907년 4월 30일

사람들이 만지는 모든 것은 물질로 되어 있어요. 여기 정육면체가 보이죠. 정육면체는 6개의 면으로 구성되어 있어요. 각각의 면은 정사각형 모양을 하고 있죠. 프랑시가 이 정육면체 각 면의 한 변 길이를 재 보세요.

프랑시가 재 보니 4센티미터였다.

여기 3개의 정육면체가 있고 각 변의 길이는 4센티미터예요. 이 3개의 정육면체는 크기로 보자면 모두 같아요. 하지만 납으로 된 것이 있고, 철로 된 것도 있고, 나무로 만들어진 것도 있어요. 비록 같은 모양을 하고 있기는 하지만 이 정육면체들의 무게는 같지 않아요. 즉, 같은 물질로 이뤄진 것이 아니에요.

더구나 색깔도 같지 않아요. 2개는 금속으로 되어 있고, 다른 하나는 나무로 만들어져 있어요. 금속으로 된 것 중에는 손

107

톱으로 긁으면 자국이 나는 것이 있는 반면, 다른 하나의 정육면체에는 자국이 남지 않아요. 2개 중 하나가 다른 것에 비해서 무르기 때문이에요.

자, 여기 같은 모양과 크기를 지닌 3개의 막대가 있어요. 철로 된 것, 구리와 아연을 섞어서 만든 놋쇠로 된 것 그리고 알루미늄으로 된 것이 있어요. 단지 여러분 손 위에 이 막대들을 올려놓기만 해도, 어느 것이 가장 무겁고 어느 것이 가장 가벼운지 알 수 있을 거예요. 그러나 저울을 사용하면 더 잘 알 수 있어요.

프랑시, 피에르, 앙드레가 막대의 무게를 쟀다.

물체	무게
놋쇠로 된 막대	100그램
철로 된 막대	94그램
알루미늄으로 된 막대	34그램

놋쇠가 철보다 비중이 크고, 철은 알루미늄보다 비중이 더 크다는 것을 알 수 있었다.

이번에는 이렌, 알린, 마르게리트가 무게를 측정한 정육면체를 살펴보세요.

알린, 이렌, 마르게리트가 정육면체의 무게를 쟀다.

물체	무게
납으로 만든 정육면체	720.5그램
철로 만든 정육면체	497.5그램
나무로 만든 정육면체	62.3그램

장이 말했다.

"가장 무거운 것은 납이에요."

'가장 무겁다'고 말하는 것보다 '비중이 가장 크다'고 말하는 것이 더 정확한 표현이에요.

한 변이 4센티미터인 2개의 정육면체가 있어요, 하나는 납으로, 다른 하나는 나무로 되어 있는데, 이 2개를 저울의 접시 위에 올려놓으면 납이 나무보다 더 무겁다는 것을 알 수 있어요. 그러나 만약 작은 납 알갱이 하나와 나무로 된 정육면체를 저울의 접시에 올려놓으면 어느 것이 더 무거울까요?

"나무요."

물체들의 무게를 비교하려면 우선 물체들이 같은 부피인지를 먼저 생각해야 해요. 어떤 물질의 비중이 가장 큰가를 알려고 할 때는 반드시 같은 크기의 덩어리를 비교해야 합니다. 같은 부피라면 납이 나무보다 무거워요. 이럴 때 납이 나무보다 비중이 더 크다고 말하죠.

여러 가지 액체 중에서 어떤 것의 비중이 더 큰지는 어떻게 알 수 있을까요? 애석하게도 액체로 된 정육면체를 만들 수는 없죠. 이럴 때는 비커나 병을 이용해요.

폴과 장이 우선 빈 병의 무게를 쟀다. 병의 무게는 33그램이었다. 그리고 물을 가득 채웠을 때는 204그램이 되었다. 병 안에 있는 물의 무게는 물이 가득 찬 병의 무게에서 빈 병의 무게를 빼면 얻을 수 있다.

204그램 − 33그램 = 171그램

다시 그 병을 사용해서 그 안에 있는 기름의 무게를 알아봅시다. 기름을 가득 채운 병의 무게는 162그램이 되는군요. 그렇다면 이 병 속에 있는 기름의 무게는 얼마일까요?

162그램 − 33그램 = 129그램

같은 병 속의 물의 무게는 171그램이었죠. 즉, 물이 기름보다 비중이 더 크다는 것을 알 수 있어요.

프랑시는 좀 더 작은 병의 무게를 잰 다음, 물을 가득 채워서 무게를 알아봤다. 그다음에는 수은, 그다음에는 기름을 넣어서 무게를 쟀고, 어느 것이 비중이 가장 큰지를 알아봤다.

우선 빈 병의 무게를 쟀다. 14그램이었다. 수은을 가득 채웠더니 무게가 729그램이 되었다. 이 병 속에 있는 수은의 무게는 얼마일까?

729그램 − 14그램 = 715그램

물을 가득 채웠더니 67그램이 되었다. 이 병에 들어 있는 물의 무게는 얼마일까?

67그램 − 14그램 = 53그램

기름으로 가득 채웠을 때는 62그램이었다. 그렇다면 기름의 무게는 얼마일까?

62그램 − 14그램 = 48그램

같은 부피일 때 수은은 물보다, 물은 기름보다 비중이 크다는 것을 알 수 있다.

여섯 번째 수업

모양이 일정하지 않은 물체의 밀도는
어떻게 알 수 있을까

소르본 대학에서 마리 퀴리의 강의
1907년 5월 14일

1세제곱센티미터의 물은 무게가 1그램입니다. 즉, 물의 밀도
는 1이 되는 것이죠. 64세제곱센티미터의 납은 720그램이 되
는 것을 봤어요. 1세제곱센티미터의 납 무게는 64세제곱센티
미터의 납 무게를 64로 나눈 것과 같습니다.

720그램 ÷ 64 = 11.25그램

11.25이 납의 밀도라고 말할 수 있어요. 64세제곱센티미터
의 철 무게는 497.5그램입니다. 마찬가지로 1세제곱센티미터
의 철 무게를 알기 위해서는 497.5그램을 64로 나눠야겠죠?

497.5그램 ÷ 64 = 7.77그램

맞아요, 7.77이 철의 밀도예요. 그럼 64세제곱센티미터의 나무가 62.3그램의 무게를 가진다는 것을 조금 전에 봤어요. 그러면 1세제곱센티미터의 나무 무게는 얼마일까요?

62.3그램 ÷ 64 = 0.97그램

따라서 나무의 밀도는 0.97이 되는 것이죠.

관이 달린 비커 ◡◦

정육면체는 한 변의 길이를 통해서 부피를 측정할 수 있어요. 자, 여기 모양이 일정하지 않은 유황 조각이 있군요. 이 유황 조각의 부피를 측정한다는 것은 불가능해 보입니다.

그런데도 이런 조각이 몇 세제곱센티미터가 되는지 그 부피를 측정할 수 있는 방법을 고안해 낸 영리한 사람들이 있어요. 우선 물이 빠져나갈 수 있는 관이 중간에 달려 있는 비커가 필요합니다. 그럼, 그걸 가지고 어떤 방법을 썼는지 알아봅시다.

자, 여기 그 문제의 비커가 있어요. 관까지 물을 가득 채우세요. 그런 다음 이 비커 안의 물속에 유황 조각을 집어넣습니다.

이때 관을 통해 넘친 물을 눈금이 새겨진 시험관에 담아요. 유황 조각을 넣었을 때 흘러넘친 물의 세제곱센티미터 수가 곧 유황의 부피가 되는 것이죠. 83세제곱센티미터가 되는군요.

이제 밀도를 측정하기 위해서는 유황의 무게를 재서 83으로 나누기만 하면 됩니다. 무게를 쟀더니 164.5그램이 나왔군요. 그럼 밀도는 얼마가 되죠?

164.5그램 ÷ 83 = 1.98그램

여기 500그램의 놋쇠가 있어요. 이제 우리는 그 부피를 알아내려고 합니다. 마찬가지로 관이 달린 비커에 넣어요. 놋쇠를 실에 매달아서 물속에 넣는데, 실 때문에 넘쳐 나는 물의 양은 무시해도 좋을 정도로 아주 얇은 실을 골랐어요.

관을 통해서 흘러나온 물은 63세제곱센티미터입니다. 즉, 500그램의 무게가 63세제곱센티미터의 부피가 되는 것이죠. 그럼 밀도는 얼마죠?

500그램 ÷ 63 = 7.9그램

여기 커다란 코르크 마개가 있어요. 무게를 재 보니 10.06그

Pour un cube nous avons pu calculer son volume connaissant la longueur de son côté; mais voici un morceau de soufre de forme tout à fait irré-gulière. Il est impossible de calculer son volume. Eh! bien, il y a des gens malins qui ont trouvé tout de même le moyen de savoir combien il avait de centimètres cubes. On va le savoir en se servant d'un vase à trop plein.

Voici notre vase à trop plein.
On le remplit d'eau jusqu'au trop plein, puis on plonge complètement le morceau de soufre

dans l'eau de ce vase.

On recueille soigneusement dans une éprouvette gra-duée l'eau qui s'écoule par le trop plein quand on plonge le soufre. Le nombre de centimètres cubes d'eau chassés par le soufre indique le volume du soufre. Nous recueillons 83 centimètres cubes d'eau; cela signifie que le volume de notre soufre est de 83 centimètres cubes. Main tenant pour avoir sa densité, il suffit de le peser et de diviser le poids trouvé par 83 Nous pesons et trouvons 164 gr. 5. Donc densité:

$$164^{gr}5 : 83 = 1,98$$

Voici un poids de 500 gr en laiton; je veux savoir son volume. Je vais le noyer dans le vase à trop plein; je l'attache avec une

램이 나왔어요. 이 마개를 물속에 넣고 싶은데 자꾸 물 위로 떠 오르는군요. 이 코르크 마개의 밀도는 1 이하가 분명해요. 왜 냐하면 물속에 가라앉지 않기 때문이에요.

마개 한가운데에 철을 연결해서 억지로 물속에 넣어 보세요. 그리고 제 말이 맞는지 틀리는지 확인해 보세요. 72세제곱센 티미터의 물이 흘러나왔군요. 그렇다면 밀도는 얼마일까요?

10.06그램 ÷ 72 = 0.14그램

여기 흰 나무 막대들이 보이죠? 이 나무의 밀도도 1 이하예 요. 왜냐하면 이 나무들은 물 위로 떠오르기 때문이에요. 자, 억 지로 물속에 넣어 볼까요. 관을 통해서 115세제곱센티미터의 물이 흘러나왔어요. 나무의 무게는 48.27그램이에요. 그러면 밀도는 얼마죠?

48.27그램 ÷ 115 = 0.42그램

자, 우리가 지금까지 실험했던 것들을 표로 만들어 보는 건 어떨까요?

물체	세제곱센티미터 수	그램 수	밀도
유황 조각	83	164.5	1.98
놋쇠	63	500	7.9
코르크 마개	72	10.06	0.14
나무 막대	115	48.27	0.42

실험을 통해서 알 수 있듯이, 병이 비어 있을 때와 물이 가득
차 있을 때의 무게를 측정하여 물의 부피를 알아내는 것은 쉬
웠어요. 물이 가득 찼을 때의 무게에서 빈 병의 무게를 빼면 부
피를 알아낼 수 있으니까요.

병에 가득 담긴 물의 그램 수는 그만큼의 세제곱센티미터 수
와 같습니다. 한 병이 담을 수 있는 물의 부피를 알아내는 것,
이것을 병을 계측한다고 해요. 1리터는 1,000그램 혹은 1,000
세제곱센티미터의 물을 포함하죠.

일곱 번째 수업

아르키메데스의 원리란
무엇일까

Leçon faite par Madame Curie le 4 juin 1907

마리 퀴리의 강의
1907년 6월 4일

물에 뜨는 물체가 있는가 하면, 가라앉는 물체도 있어요. 물체가 물 위에 떠오르기 위해서는 물보다 비중이 작아야 해요. 유리를 물속에 넣으면 어떻게 될까요?

아이들이 자신 있게 소리쳤다.

"가라앉아요."

그런데 아랫부분의 면적이 넓은 이 유리그릇을 넣으면 가라앉지 않아요. 왜냐하면 이 그릇의 생김새 때문이죠. 그러므로 한 물체가 가라앉기 위해서는 속이 비어 있지 않는 한 덩어리여야만 해요.

물속에 기름을 부으면 표면으로 떠올라요. 물보다 비중이 낮은 석유도 떠오르는 건 마찬가지예요. 여기 설탕물이 있어요. 설탕물은 물보다 비중이 클까요, 작을까요?

아이들은 고개를 갸웃거렸다.

설탕물의 비중이 더 커요. 곧 실험을 통해서 알게 될 거예요. 적은 양의 약체를 담는 관으로 이 설탕물 위에 물을 아주 조심스럽게 부어요. 설탕물 위로 물층이 형성되는 것이 보이죠? 이 두 종류의 물을 휘저어 보세요. 물과 설탕물은 섞이죠. 두 액체가 서로 혼합될 수 있을 때에는 분리층이 생기지 않아요.

마찬가지로 관으로 물 위에 포도주를 부어요. 물보다 비중이 작은 포도주는 표면에 그대로 머무릅니다. 그러나 이 두 액체는 서로 혼합될 수 있기 때문에 조금씩 서로 섞입니다.

비중을 밝히는 아르키메데스의 원리 ʒ◌

물속에 들어가면 물체가 가라앉든 뜨든 위로 올려지는 성질을 가집니다. 그리고 이 위로 올려지는 힘은 그 물체가 밀도 1의 물로 만들어졌을 때의 무게와 같다는 것을 우리는 이미 배웠어요.

물속에 있을 때 사람은 거의 무게가 나가지 않아요. 왜냐하면 인체의 밀도는 물의 밀도와 거의 같기 때문이죠. 그러니까 물속에서 잃어버리는 무게는 인체의 무게와 거의 맞먹는 셈이에요. 만약 물이 꽉 찬 욕조에 몸무게 50킬로그램인 사람이 들어가면 50킬로그램의 물이 욕조 밖으로 넘치는 겁니다.

자, 저울의 접시 위에 물이 담긴 비커를 올려놓고, 저울의 평형을 맞춰요. 이 비커의 물속에 유황 조각을 넣는데, 이 유황 조각은 휘어지지 않는 지지대에 매달려 있어요. 균형이 깨지는 것이 보여요. 유황 조각이 물속에 들어갔기 때문에 비커는 더 무거워진 것이죠. 비커는 유황 조각이 물로 만들어졌다고 가정했을 때의 무게만큼 더 무거워진 것이죠.

자, 이제는 관이 달린 비커를 관 높이만큼만 물을 채워서 저울의 한 접시 위에 올려놓고 평형을 맞춥니다. 그리고 유황 조각을 넣었을 때 관을 통해 넘쳐나는 물을 받아요. 이 경우 이 비커는 더 무거워지지 않아요. 왜냐하면 유황의 부피와 같은 부피의 물이 빠져나왔기 때문이죠.

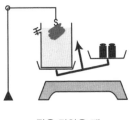

관을 막았을 때

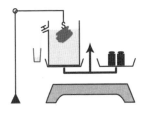

관을 열었을 때

여덟 번째 수업

배는 어떻게 물에 뜰까

마리 퀴리의 강의
1907년 6월 18일

물속에 담긴 물체는 그 물체가 물로 만들어졌을 때의 부피가 가질 수 있는 무게만큼 가벼워집니다. 이 결과를 우리는 모양이 일정하지 않은 한 물체의 부피를 측정할 때 이용할 수 있어요.

지난 수업에서 말했듯이 물은 그램 수와 세제곱센티미터 수가 동일합니다. 밀도가 1이라는 말은 무게와 부피의 수치가 같다는 뜻이에요. 그럼 한 가지 실험을 해 볼까요.

물이 담긴 용기를 저울의 한쪽에 올려놓고 평형을 맞춥니다. 그런 다음 형태가 일정하지 않은 물체를 물속에 넣습니다. 그럼 저울이 물이 담긴 용기 쪽으로 기울겠죠? 이때 다시 평형을 맞추기 위한 그램 수가 바로 이 물체의 세제곱센티미터 수가 되는 것입니다.

이제 여러분에게 배가 어떻게 작동하는지를 설명하겠습니다. 여러분은 이미 물 위에 뜨는 물체가 있다는 것을 알고 있어요. 속이 꽉 차서 더 이상 빈 공간이 없는 물체가 물 위에 뜨기 위해서는 물보다 비중이 작아야만 합니다.

물에 잘 뜨는 성질을 지닌 물체들이 있어요. 하지만 물체가 세워져 있으면 물 위에 뜨지 않아요. 왜냐하면 안정된 균형을 유지하기가 힘들기 때문이에요.

그러나 그러한 모양을 하고 있더라도 속을 가득 메우거나 아랫부분에 무언가를 채워 넣어서 물에 뜨게 할 수 있어요. 배도 마찬가지예요. 균형을 잃지 않고 안정성을 유지하기 위해서 바닥 부분을 채워 넣는 것입니다.

우리는 분명 물에 뜨는 물체를 볼 수 있어요. 물체가 물에 뜨기 위한 조건은 무엇일까요? 한번 알아볼까요?

물체의 무게와 물에 잠긴 부분의 무게 ◯◝

물에 뜨는 물체는 물에 잠긴 부분이 물로 이루어졌을 때의 무게만큼 무게를 잃어버립니다. 물에 뜨는 물체의 무게를 잰 다음, 그것이 물 위에 떴을 때 관을 통해 넘쳐 나오는 물을 눈금이 있는 시험관에 받아요.

하나의 물체가 뜨기 위해서는 그 무게만큼의 부피에 해당하는 세제곱센티미터의 물이 움직여야 합니다. 다른 말로 표현하자면, 한 물체가 물에 뜨기 위해서는 물체의 무게와 동일한 무게의 물이 움직여야 한다는 것입니다.

물체가 수은 위에 뜨려면 마찬가지 원리로 같은 무게의 수은이 흘러나와야 합니다. 수은의 경우 물보다 비중이 더 크기 때문에 물체가 물속보다 훨씬 덜 깊이 빠집니다. 같은 무게의 수은을 움직이려면 물에서보다 대략 열세 배나 덜 빠지게 되는 것이죠. 이 문제에 대해서는 앞으로 좀 더 알아보도록 해요.

아홉 번째 수업

달걀이 물 위에 뜰 수 있을까

Leçon faite par Mme Curie le 2 juillet 1907

마리 퀴리의 강의
1907년 7월 2일

오늘은 어떤 학생이 재주가 많은지 한번 볼까요.

마리 퀴리는 아이들에게 물에 뜨는 물체와 비어 있는 유리그릇의 무게를 재 보라고 했다.

여러분은 물체가 물 위에 뜰 때보다 소금물에서 덜 깊이 빠진다는 사실을 보게 될 겁니다. 물 위에 뜨는 물체는 항상 물속에 잠긴 부분의 무게만큼을 이동시킵니다. 그러나 같은 무게를 만들기 위해서 소금물은 물보다 적은 양을 필요로 합니다.

관이 달린 비커에 소금물이 관 높이까지 차 있어요. 물체와 배를 한번 띄워 봅시다. 그리고 나서 물에 떠 있는 물체들 때문에 이동한 소금물을 유리그릇에 받아 보세요. 우리는 이 유리그릇의 무게를 이미 알고 있죠.

자, 여기 프랑시와 폴이 무게를 측정한 물체가 있어요. 89.5그램이에요. 장과 마르게리트가 측정한 유리그릇의 무게는 275그램이었어요. 자, 이 물체가 이동시킨 소금물을 받은 후 유리그릇과 함께 쟀더니 364그램이 나왔군요. 그러므로 소금물의 무게는 364그램에서 빈 유리그릇의 무게를 빼면 구할 수 있겠죠.

364그램 − 275그램 = 89그램

아직 기억하겠죠. 물체의 무게는 89.5그램이었어요. 우리가 정확한 결과를 얻어 내기 위해서 그다지 주의를 기울이지 않았음에도 소금물에 떠 있는 물체와 거의 비슷한 무게를 얻어 낼 수 있었어요. 이 물체는 자신의 무게와 같은 무게의 소금물을 이동시킨 거예요.

노란 황금빛 방울

자, 여기 다른 물체를 띄워 보죠. 이렌과 알린이 미리 무게를 측정해 놓았군요. 이것은 모래가 가득 찬 조그만 공이에요. 이 공의 무게는 127그램입니다. 이 공을 소금물에 띄웠을 때, 이동시킨 소금물을 유리그릇에 받아요. 앙드레가 이 빈 유리그릇

à l'eau salée jusqu'à ce qu'elle soit juste aussi dense que les œufs. Vous vous en apercevrez à ce fait que les œufs resteront alors en suspension dans l'eau. Chaque enfant réussit très bien l'expérience.

Nous allons faire maintenant une très jolie expérience. Voici deux verres; dans l'un il y a de l'eau et de l'huile: l'huile flotte parce qu'elle est moins dense que l'eau; dans l'autre il y a de l'huile et de l'alcool; l'huile est au fond parce qu'elle est plus dense que l'alcool.

Puisque l'huile nage sur l'eau et qu'elle se noie dans l'alcool, on peut faire un mélange d'eau et d'alcool, tel que l'huile ne se noie ni ne flotte. Vous verrez que l'huile prendre alors la forme d'une boule et que ce sera très joli. Il faut tâtonner — Si l'huile monte c'est que nous avons mis trop d'eau dans notre mélange; si elle se noie et va vers le fond du vase, c'est que nous avons mis trop d'alcool.

Chaque enfant arrive à former une belle boule jaune or qui se tient suspendue au milieu du liquide.

Tous les enfants sont ravis

의 무게를 측정했더니 300그램이었어요. 장이 소금물이 담긴 유리그릇을 측정하니 무게가 427그램이 나왔군요. 그렇다면 이동한 물의 무게는 얼마죠?

427그램 − 300그램 = 127그램

이번에는 아주 정확하게 무게를 측정했고, 이 물체가 이동시킨 소금물의 무게를 알아낼 수 있었어요.

물에서는 달걀이 아래로 가라앉는다는 사실을 우리는 이미 알고 있어요. 자, 여기 소금물 속에 달걀을 넣었어요. 이번에는 달걀이 뜨네요. 달걀이 소금물보다 비중이 작기 때문이에요. 이제 여러분이 소금물의 비중이 달걀의 비중과 비슷해지도록, 이 소금물에 물을 조금씩 부어 보세요. 달걀이 물속에 아직 떠 있는 것이 보이죠?

아이들은 모두 성공적으로 이 실험을 끝냈다.

이번에는 아주 멋진 실험을 해 봅시다. 여기 컵이 2개 있어요. 컵 하나에는 물과 기름이 있어요. 기름은 물보다 비중이 작아서 물 위로 떠올라요. 다른 컵에는 기름과 알코올이 들어 있어요. 기름은 알코올보다 비중이 커서 바닥에 가라앉아요. 기름이 물 위에서는 뜨고 알코올에서는 가라앉기 때문에, 기름이 뜨지도 가라앉지도 않게 하기 위해서 물과 알코올을 섞어요.

자, 보세요. 기름이 동그란 방울 모양을 하고 있죠? 참 예쁘군요. 만약 기름이 떠오르면 그건 우리가 물을 너무 많이 넣었기 때문이에요. 기름이 바닥으로 가라앉으면 알코올을 너무 많이 넣었다는 얘기가 되죠.

아이들은 액체 속에 떠다니는 노란 황금빛 방울을 만들어 봤다. 모두 이 멋진 방울의 매력에 빠졌다.

열 번째 수업

기압계는 어떤 원리일까

Leçon du 14 Novembre 1907.

Sur la pression atmosphérique

대기압에 관한 강의
1907년 11월 14일

물이 가득 담긴 시험관을 막히지 않은 부분을 밑으로 해서 물이 담긴 용기 안에 담그면, 시험관 끝까지 올라가 있는 물 기둥이 아래로 내려오지 않는다는 것을 볼 수 있어요. 대기압이 용기 안의 물을 눌러서 시험관 안의 물이 내려오지 못하게 하기 때문이죠.

대기압의 힘이 얼마나 강한지 다음 실험을 통해서 알아보기로 합시다. 과일잼을 넣는 병과 비슷하게 생긴 유리병이 있어요. 이 병의 밑부분에는 밸브가 달린 유리관이 있어요. 이 병 윗부분에는 얇은 가죽으로 단단하게 덮여 있어요. 이 병에서 공기를 빨아들이면 점점 진공상태가 되면서 얇은 가죽이 움푹 패다가 아주 강한 폭발음과 함께 찢어져요.

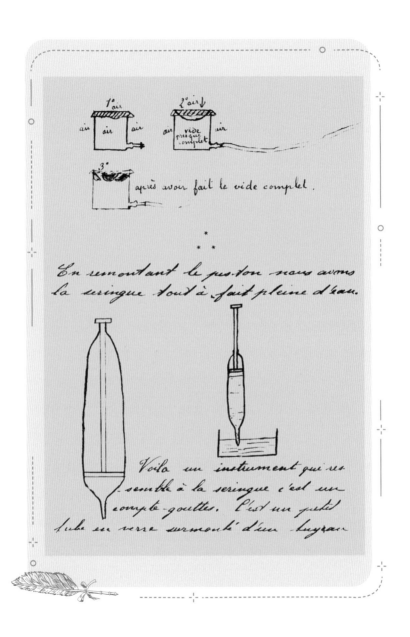

1º air   2º air↓

air | air | air

air | vide presque complet | air

3º après avoir fait le vide complet.

*
* *

En remontant le piston nous avons
la seringue tout à fait pleine d'eau.

Voila un instrument qui res-
semble à la seringue c'est un
compte-gouttes. C'est un petit
tube en verre surmonté d'un tuyau

주사기와 스포이트

여기 주사기가 보이죠? 이 주사기는 액체를 흡입할 때 사용해요. 한쪽 끝이 아주 좁고 뾰족한 유리관이죠. 이 유리관 안에 고무로 된 피스톤을 통과시키는데, 이 피스톤은 전혀 공기가 통할 수 없도록 유리관에 꽉 맞게 만들어졌어요.

공기를 흡입해 볼까요. 피스톤을 내려오게 하고 주사기의 뾰족한 부분을 물에 담가요. 피스톤을 잡아당기면 물이 올라와요. 왜냐하면 우리가 공기를 위로 다시 밀어 올리면서 빈 공간을 만들어 주었기 때문이죠.

피스톤 밑에 조그만 공기 방울들이 보이죠? 그 방울들을 없애려면 주사기를 물속에 넣고 주사기에 들어 있는 물을 밀어내요. 그러면 공기 방울이 물에 밀려서 빠져나가요. 이때 다시 피스톤을 잡아당기면 주사기에 물이 가득 차게 됩니다.

자, 여기 주사기를 닮은 기구가 있어요. 스포이트라는 액체를 방울방울 떨어뜨리는 데 사용하는 기구예요. 유리로 된 조그만 관이 위가 막힌 고무관에 연결되어 있어요. 고무를 누르면 관 속의 공기가 빠져나가요. 물속에 그 끝부분을 담그고 고무관을 놓으면 물이 빨려 올라와요.

기압계의 작동 원리 ✑

조금 전 물이 담긴 시험관으로 실험했듯이, 시험관 속의 수은 역시 수은이 담긴 용기의 수은 높이보다 더 높은 위치에서 내려가지 않으면, 시험관 속의 공기가 가하는 압력보다 대기압이 더 강하다는 사실을 말하는 것이죠.

만약 시험관 속의 수은 기둥 높이가 용기 속의 수은 높이보다 낮으면, 시험관 속 공기의 압력이 대기압보다 더 강하다는 말이 되겠죠. 그리고 시험관 속 수은 기둥의 높이와 용기 속 수은의 높이가 같으면, 대기압과 시험관 속 공기의 압력이 똑같다는 사실을 알 수 있어요.

시험관을 진공상태로 만든 뒤 끝이 막히지 않은 쪽을 수은이 담긴 용기 속에 넣으면, 수은이 약 75센티미터까지 빨려 올라와요. 이것이 바로 기압계의 원리예요.

자, 이것 역시 기압계의 일종이에요. 이 기다란 튜브는 아랫부분이 휘어져 있어요. 한쪽 끝은 막혀 있고 진공상태예요. 나머지 다른 쪽은 뚫려 있는데, 공기가 이쪽을 통해서 들어갈 수 있어요. 이런 장치를 통해 대기의 압력을 측정할 수 있어요.

튜브 속 수은의 높이는 튜브 안 공기의 압력에 의해 좌우됩니다. 공기의 압력은 상황에 따라 여러 진공상태를 만들어 내

Mme Curie nous fait faire un baromè-
tre. Je prends un tube de 1 mètre de long
et de très petit diamètre ; je le remplis dou-
-cement de mercure avec un entonnoir en
verre. Cependant il reste un peu d'air.
Je bouche le tube avec mon doigt
et je promène cette bulle d'air dans le
tube pour qu'elle entraîne les autres.
Ensuite je remplis le tube complè-
tement. C'est très difficile de ne pas
perdre de mercure. Ensuite je bouche
le tube avec mon doigt, je le retourne
dans une cuvette pleine d'eau mer-
cure et je le débouche sous le mer-
-cure. Le mercure descend et s'arrê-
te à 75 cm de haut.

는데, 그럴 때마다 수은의 높이도 달라집니다. 2개의 시험관이 각각 지름이 다르다 해도 시험관 안의 압력이 같으면, 이 2개의 시험관 속에 있는 수은 역시 같은 높이로 올라옵니다.

마리 퀴리는 아이들에게 기압계를 만들도록 했다. 지름이 아주 작은 1미터 길이의 튜브 안에 유리로 된 깔때기를 이용하여 수은을 조심스럽게 부었다. 그래도 튜브 안에는 약간의 공기가 남게 되었다.

이때 손가락을 이용하여 튜브를 막고 튜브 속에 있는 여러 개의 공기 방울이 합쳐지도록 해서 빼냈다. 그러고 난 후 튜브에 수은을 가득 채웠다. 수은이 새지 않도록 하는 것이 상당히 힘든 일이었다.

다시 손가락으로 튜브를 막은 후에 역시 수은이 담긴 용기에 거꾸로 담가서 튜브를 막았던 손가락을 뗐다. 그러면 수은 기둥이 내려가다가 75센티미터 정도에서 멈췄다.

나오며

특별한 경험

— 엘렌 지스페르

아다마르, 랑주뱅, 페랭과 퀴리 집안의 아이들은 이 물리학 수업에 참여하면서 아주 특별한 경험을 할 수 있었다. 특히 노벨상 수상자였던 마리 퀴리라는 인물이 가진 비범한 개성이 이 수업을 더욱 특별하게 만들었다. 그리고 20세기 초의 학교 교육이 그들과 같은 또래의 아이들 어느 누구에게도 그와 같은 물리학 강의를 제공할 수 없었다는 점 또한 이 강의를 아주 특별한 것으로 보이도록 한다.

일반적인 개인 교습은 두 종류로 나뉘어 있었다. 첫째는 초등학교처럼 13세 때까지 학교교육을 받는 대부분의 서민층 자녀들을 위한 초보적 형태, 그리고 중학교를 입학하기 전부터 고등학교를 졸업하기까지의 사회 엘리트층 자녀들을 교육하는 두 번째 형태가 있었다.

이 책에 등장하는 소르본 대학 교수들의 아이들은 두 번째 유형의 교육을 받을 수 있었던 같은 또래의 4~5퍼센트에 속했다. 이 유상 교육을 통해 남자아이들은 바칼로레아(프랑스 대입시험)를 볼 수 있었다. 여자아이들은 1920년대가 되어서야 바칼로레아와 같은 시험을 치를 수 있었다.

마리 퀴리가 강의를 하던 그 당시, 남학생 중등교육은 1902년의 개혁으로 일대 변신을 꾀하고 있었다. 이 개혁은 6학년부터 전통적 과정과 나란히, 동등한 과정으로 현대적 과정을 도입했다. 특히 여러 교과목에 과학이 차지하는 자리를 강화했다. 일반적인 엘리트 양성에서 과학이 어떠한 위상을 지녀야 하는가는 프랑스 사회에서 주된 토론의 대상이었고, 이로 인해 수십년에 걸쳐 끊임없이 개혁을 야기했다.

1880년대 초반, 쥘 페리는 저학년 교육과정에서 라틴어 교육을 폐지하고, 실험과학의 기본 요소들에 대한 교육을 도입했다. 6학년(프랑스 교육제도에서는 저학년일수록 숫자가 크다)부터 '본질적으로 서술적인' 물리학 교육을 도입한 것이다.

그러나 전통적인 엘리트 양성 과정에 도입된 과학교육은 오래가지 못했다. 전통적인 중등교육을 위한 개혁이 도입되었는데 이 개혁안은 6, 5학년 교육과정에 자연과학에 대한 교육을 포함시키고, 기타 모든 과학교육은 소위 '철학의 학년'이라고 부르는 졸업반까지 미루는 것을 골자로 하고 있었다.

졸업반 학생들은 이때 그들의 첫 이론적인 물리학 수업을 받게 되었다. 이 수업은 내용을 일일이 받아 적게 하는 방식으로 진행되었다. 과학교육을 받을 권리가 있는 학생들은 전통 교육보다는 명망이 떨어지는 바로 현대적 중등교육을 받는 학생들로 학년으로 보자면 6, 5학년부터 자연과학 교육을 받고, 여기에 3학년부터 물리학 수업을 들을 수가 있었다.

1902년 개혁 이후에 고등학교에 입학한 아이들은 나이를 고려한다면 물리학 수업을 받지 못했을 수도 있다. 만약 이들이 그랑제콜(프랑스의 소수 정예 고등교육기관)까지 연결되는 전통적인 교육과정을 밟았다면, 2학년까지는 물리학 수업을 받지 못했을 수도 있었다. 그러나 이들은 대혁신의 혜택으로 직접 실험에 참여할 수 있었다.

1902년에 행해진 개혁에 의해 도입된 프로그램은 귀납적이고 경험적인 성격을 강조하고 있으며, 이러한 특징은 과학 교육과정에도 엄밀하게 적용되었다.

그러나 반대로 현대적인 교과과정을 이수했다면 4학년 때 2시간 정도의 물리학 수업을 받았을 수도 있었다. 이 물리학 수업은 1902년 개혁의 법령에 따라 '아주 기초적이며 실용적인 성격을' 지녀야 했으며 '일상생활에서 사용되는 도구를 이용한 실험을 통해 획득되어지는 경험에 기초한' 수업이어야 했다.

이 책에 소개된 마리 퀴리의 물리학 강의는 물리학의 기초 과정에서 전통적으로 다뤄지는 내용들을 담고 있다. 1902년 개혁에 따른 4학년 B과정(현대적 과정)에서는, 먼저 힘의 첫 번째 개념인 수직, 무게 중심 등—여기서는 다뤄지지 않는 문제들이다—의 중력에 대한 문제로 시작된다. 그리고 무게, 무게를 재는 것, 고체와 액체의 부피를 측정하는 것, 상대적인 비중의 문제들이 물리 수업 초반부에 다뤄지고 있다.

수업의 제2장에서는 '액체와 기체의 균형'을 다루는데, 여기에서는 도시로 물을 공급하는 과정에 대한 설명까지 포함되어 있다. 이 과정은 이미 마리 퀴리의 강의에서도 다뤄졌으나 승강기나 보일러 등 다른 적용 부분은 빠져 있다.

강의에서 다룬 개념들은 물리학의 기초에서 일반적인 내용이지만, 마리 퀴리가 그 연령층의 어린이들을 위해 적용했던 방법들은 상당히 독창적이었다. 중등교육에서는 1902년의 개혁 때부터 2학년 과정의 학생들부터 실험을 할 수 있었다는 점을 상기할 필요가 있다. 더 어린 연령층의 어린이들을 위해서는 어떤 프로그램이 있었을까? 중등교육 과정에는 어떤 프로그램도 없었다.

그렇다면 초등학교 중간 학년 이후의 수업 과정은 어떠했을까? 이 학생들에게는 물리학과 자연과학 프로그램이 마련되어 있었으며, 교육적인 신조는 사물에 대한 수업이었다. 서민층 자녀들을 대상으로 했던 이 교육 프로그램의 방향은 분명했다.

과학은 원칙이 아닌, 그 실제적인 적용의 관점에서 고려되어야만 한다. 마리 마리 퀴리가 강의에 적용했던 방법과 정신은 이런 관점에서 보자면 한층 더 유례가 없는 뛰어난 강의였다.

마리 퀴리의 열정이
살아 있는 책

— 최연순

처음 책을 받아서 몇 장을 넘겼을 때, 내용이 너무 쉬워 당황했다. 그래도 마리 퀴리가 직접 강의한 물리학 수업을 기록한 것인데 말이다. 입문 과정이라면 흔히 소개되는 장황한 개념들도 없고, 간단한 원리를 이해하기 위한 실험 과정이 서술되어 있을 뿐이었다.

'이런 쉬운 원리들을 이렇게까지 일일이 실험해야 하나', '몇 마디 말로 설명하는 것으로 충분하지 않을까.' 문장은 쉽지만 실험 과정을 자세히 묘사하려다 보니, 단어 하나하나에 세심한 주의를 기울이다 지치면 그런 생각이 절로 들었다.

그러다 문득 프랑스에서 공부하던 때가 떠올랐다. 박사 준비 과정을 밟으며 학부생을 위한 수업에 욕심을 내서 일부러 청

강하던 시절, 학기 중간쯤에는 지쳐서 수업에도 들어가지 않고 도서관에만 있었다. 수업이 너무 어려워서였다. 수업은 아주 기초적인 개념이나 원리들을 다뤘는데 이것들이 체화되어 있어야 따라갈 수 있었다.

한 번도 심각하게 고민하지 않고 받아들였던 원리들이었다. 도서관에서 내내 모래성이 눈앞에 떠올랐던 기억만 난다. 지금도 쌓여지고 있을 모래성을 생각하며 번역을 마쳤다.

실험 기구의 프랑스어 명칭에 부합하는 적절한 우리말 용어를 찾아내는 것이 가장 큰 어려움이었다. 그리고 저자인 이자벨 샤반이 초등학생 시절에 기록한 것이어서 다소 매끄럽지 못한 표현들이 눈에 띄었는데, 독자의 이해를 돕기 위해 가능한 한 쉽게 풀어 쓰려고 노력했다. 또한 1907년 당시에 사용했던 실험 기구나 실험 재료를 정확하게 전달하는 데도 많은 신경을 썼다.

글을 읽다 보면 현대에 와서 인체에 유해하다고 밝혀진 수은 같은 재료를 아이들이 손으로 만지는 장면이 나온다. 이 부분에서 충격받는 이도 있을 것이다. 하지만 이 같은 상황도 1907년 당시, 소르본 대학의 폐쇄된 강의실에서 행해졌을 그들의 은밀하고 활기 넘치는 수업을 사실적으로 드러내 주는 부분이라고 생각한다.

이 책은 마리 퀴리의 육성을 그대로 담아내고 있다. 어린 학생들에게 과학의 원리를 알기 쉽게 소개하고자 했던 그의 열정이 이 책을 번역하는 내내 나와 함께했다. 부디 이 책을 통해 우리 아이들이 과학에 더 많은 흥미를 갖기 바란다.

옮긴이 **최연순**
고려대학교 독어독문학과를 졸업하고 파리 10대학에서 지정학 DEA(박사 준비 과정)
학위를 받은 후, 마른 라 발레 대학 유럽연합연구소에서 지정학 박사과정을 수료했
다. 현재 책을 만들고 번역하는 일을 하고 있다.
옮긴 책으로는 『안느 바커스의 프랑스 엄마 수업』 『괴짜 초딩 스쿨』 『나의 첫 경제책』
『THINK? 백과사전-처음 만나는 세상』 『살아 있는 모든 것의 유혹』 등이 있다.

과학이 어려운 딸에게
마리 퀴리가 들려주는 과학 이야기

© 마리 퀴리·이자벨 샤반, 2004

초   판 1쇄 발행일 2004년 1월 13일
개정판 3쇄 발행일 2023년 12월 8일

지은이   마리 퀴리 이자벨 샤반
옮긴이   최연순
펴낸이   정은영

펴낸곳   (주)자음과모음
출판등록 2001년 11월 28일 제2001-000259호
주소   10881 경기도 파주시 회동길 325-20
전화   편집부 02) 324-2347 경영지원부 02) 325-6047
팩스   편집부 02) 324-2348 경영지원부 02) 2648-1311
E-mail   jamoteen@jamobook.com

ISBN   978-89-544-4215-2(43420)

이 책은 『퀴리 부인이 딸에게 들려주는 과학 이야기』(2004)의 개정증보판입니다.